"十二五"国家重点图书出版规划项目

国家出版基金项目
NATIONAL PUBLICATION FOUNDATION

风力发电工程技术丛书

风电功率预测技术与实例分析

主　编　王　桓　徐龙博
副主编　周　冰　张治颖

U0280781

中国水利水电出版社
www.waterpub.com.cn

内 容 提 要

    本书是《风力发电工程技术丛书》之一，较为全面系统地介绍了风电功率预测技术及其应用情况。其内容主要包括：风电产业与风电功率预测技术的发展沿革；风电功率预测技术的原理和预测方法，包括物理模型以及统计模型；风电功率预测系统硬件部分的技术细节，包括总体设计、主机与通信系统、测风塔的组成、防雷与选址、安防系统；风电功率预测系统软件，包括软件架构及开发工具、核心算法及开发工具、数据库等；简单介绍了国内外风电功率预测系统；并对风电功率预测系统进行实例分析。本书力求传播风电功率预测的相关知识，并试图为风电功率预测系统的设计和制造提供技术路线图。

    本书可作为高等院校相关专业学生的学习、参考书，也可供风电从业人员参考阅读。

图书在版编目（ＣＩＰ）数据

    风电功率预测技术与实例分析 / 王桓，徐龙博主编
. —— 北京 ：中国水利水电出版社，2016.1
  （风力发电工程技术丛书）
  ISBN 978-7-5170-4212-9

    Ⅰ．①风… Ⅱ．①王… ②徐… Ⅲ．①风力发电－功率－预测 Ⅳ．①TM614

    中国版本图书馆CIP数据核字(2016)第063616号

书　　名	风力发电工程技术丛书 **风电功率预测技术与实例分析**
作　　者	主编　王桓　徐龙博　副主编　周冰　张治频
出版发行	中国水利水电出版社 （北京市海淀区玉渊潭南路1号D座　100038） 网址：www. waterpub. com. cn E - mail：sales@waterpub. com. cn 电话：（010）68367658（发行部）
经　　售	北京科水图书销售中心（零售） 电话：（010）88383994、63202643、68545874 全国各地新华书店和相关出版物销售网点
排　　版	中国水利水电出版社微机排版中心
印　　刷	北京纪元彩艺印刷有限公司
规　　格	184mm×260mm　16开本　8.25印张　196千字
版　　次	2016年1月第1版　2016年1月第1次印刷
印　　数	0001—3000册
定　　价	**38.00元**

凡购买我社图书，如有缺页、倒页、脱页的，本社发行部负责调换

版权所有·侵权必究

《风力发电工程技术丛书》

编 委 会

顾　　问	陆佑楣　张基尧　李菊根　晏志勇　周厚贵　施鹏飞
主　　任	徐　辉　毕亚雄
副 主 任	汤鑫华　陈星莺　李　靖　陆忠民　吴关叶　李富红
委　　员	（按姓氏笔画排序）

马宏忠　王丰绪　王永虎　尹廷伟　申宽育　冯树荣

刘　丰　刘　玮　刘志明　刘作辉　齐志诚　孙　强

孙志禹　李　炜　李　莉　李同春　李承志　李健英

李睿元　杨建设　吴敬凯　张云杰　张燎军　陈　刚

陈党慧　陈　澜　林毅峰　易跃春　周建平　郑　源

赵生校　赵显忠　胡立伟　胡昌支　俞华锋　施　蓓

洪树蒙　祝立群　袁　越　黄春芳　崔新维　彭丹霖

董德兰　游赞培　蔡　新　糜又晚

丛书主编　郑　源　张燎军

主要参编单位 （排名不分先后）

河海大学

中国长江三峡集团公司

中国水利水电出版社

水资源高效利用与工程安全国家工程研究中心

华北电力大学

水电水利规划设计总院

水利部水利水电规划设计总院

中国能源建设集团有限公司

上海勘测设计研究院

中国水电顾问集团华东勘测设计研究院有限公司

中国水电顾问集团西北勘测设计研究院有限公司

中国水电顾问集团中南勘测设计研究院有限公司

中国水电顾问集团北京勘测设计研究院有限公司

中国水电顾问集团昆明勘测设计研究院有限公司

长江勘测规划设计研究院

中水珠江规划勘测设计有限公司

内蒙古电力勘测设计院

新疆金风科技股份有限公司

华锐风电科技股份有限公司

中国水利水电第七工程局有限公司

中国能源建设集团广东省电力设计研究院有限公司

中国能源建设集团安徽省电力设计院有限公司

中国三峡新能源有限公司

丛 书 总 策 划 李　莉

编 委 会 办 公 室

主　　　　任 胡昌支

副 主 任 王春学　李　莉

成　　　员 殷海军　丁　琪　高丽霄　王　梅　单　芳

白　杨　汤何美子

本书编委会名单

主　　编：王　桓　徐龙博

副主编：周　冰　张治频

参　　编：李煜东　周　伟　谭茂强　汪少勇

　　　　　杨　莉　高　斌

前　言

　　随着传统能源储量日益枯竭，传统能源的使用造成的环境问题日益严重，可大规模开发利用又清洁环保的可再生能源的发展成为了世界各国关注的焦点。在各种可再生能源中，风能是在现有技术条件下最有潜力成为新能源支柱的能源，但风能也存在着不稳定性的特点，这是风电大规模接入电网的最大障碍。当前，风电功率预测是解决以上问题的有效手段，准确地预测风电功率有助于电力管理部门提前制定调度计划，同时提高电网的安全性和风电的经济性。

　　风电功率预测系统是一个复杂的综合性工业系统，其中包含了信息采集、通信、数据挖掘、计算机软硬件等多方面的技术。为了让读者了解风电功率预测系统的全貌，本书全面系统地介绍了风能发展前景及存在的问题、风电功率预测的必要性、风电功率预测的物理模型、风电功率预测的统计模型、风电功率预测系统的功能与结构，并结合实例分析了风电功率预测各种模型的适用性，力图为风电行业从业者提供建构风电功率预测系统的完整技术路线，同时也可作为大专院校学生的技术参考资料。

　　本书共分5章，第1章主要介绍风能的背景知识，包括当前世界与我国的能源结构及存在的问题，风能的前景及面临的问题，风电功率预测系统的必要性和发展现状，风的形成原理及风在各种地形影响下的场域特点；第2章介绍风电功率预测的物理模型，首先介绍物理模型的基本思想，然后依据基本思想展开介绍数值天气预报的基本知识，以及物理模型的建模流程；第3章介绍风电功率预测的统计模型，依据分类分别介绍神经网络、支持向量机和混沌模型的具体建模方法，并依据实际风电场数据分别使用以上三种模型进行了建模预测；第 4 章介绍风电功率预测系统的功能与结构，首先介绍风电功率预测系统的基本功能要求，然后围绕基本功能介绍系统软硬件的构成，最后介绍国内外比较典型的风电功率预测系统；第 5 章是典型风电场风电功率预测系统实例分析，分别选择沿海、山地和平原的典型风电场，介绍其气候特征，并分析各种风电功率预测模型的地形适应性。

在本书写作的过程中，相关风电场和设备厂商提供了大量资料，在此表示感谢。此外本书也参考了大量的论文专著，在此特向这些论文专著的作者表示感谢。

限于作者的水平，书中难免存在瑕疵，请各位读者谅解并批评指正。

作者
2016 年 1 月

目 录

第1章 绪　　论

1.1　风电产业发展概况

能源是人类社会存在和发展的基础，随着经济的不断快速发展，人类对能源的需求更加迫切，导致能源的供给日趋紧张；巨量一次能源的使用也造成了越来越严重的环境污染，这也是人类在可持续发展过程中亟须解决的问题。

1.1.1　世界能源产业现状及发展趋势

当前世界能源消费以煤炭、石油、天然气等化石能源为主，根据英国石油公司（BP）发布的2014年世界能源统计报告，2013年世界能源消费结构统计数据见表1-1。

表1-1　2013年世界能源消费结构表

能源种类	石油	天然气	煤炭	核能	水电	其他	总量
消费量（油当量）/Mt	4185.1	3020.4	3826.7	563.2	855.8	279.3	12730.5
比例/%	32.87	23.73	30.06	4.42	6.72	2.20	100.00

从表1-1中数据可见，煤炭、石油、天然气等化石能源仍是世界能源消费中的主要支柱，三项能源总占比为86.66%。石油仍然是世界主导性能源，2013年占一次能源消费的32.87%，但其占比已连续14年下降。2013年，全球石油消费为140万桶/日，增速为1.4%，略高于历史平均水平，探明储量为16879亿桶（2382亿 t），可以满足全球53.3年的需求。作为重要的一次能源，2013年天然气占一次能源消费的23.73%，天然气消费量增长1.1%，远低于2.6%的历史平均水平，探明可采储量为185.7万亿 m^3，按目前开采速度可供全球开采54.8年。2013年，煤炭占一次能源消费的30.06%，全球煤炭消费38.3亿 t油当量，增长3%，全球煤炭探明储量为8915亿 t，可以保证全球113年的生产需求。值得一提的是，本世纪第二个十年兴起的"页岩气革命"对现有能源消费结构造成了一定的冲击。据美国能源信息署（EIA）的估算，全球页岩气可采储量达187.51万亿 m^3，相当于已探明常规天然气的储量。如果将包括页岩气在内的非常规天然气都计算在内，全球可采储量更是高达921万亿 m^3，接近常规天然气储量的5倍。这种新变化一方面在短期内有效地缓解了世界能源的供需矛盾，是2014年年底石油价格暴跌的重要推手；另一方面，大量非常规天然气的开采预示着天然气有可能在未来取代石油成为世界的主导性能源。

核能本被认为可能取代化石能源成为世界能源版图中新的支柱，但2011年福岛核电站泄漏事故使世界核能发展普遍陷入低迷。2013年，核能产量占全球能源消费的4.4%，为自1984年以来的最小份额。许多国家，包括我国都暂停了核能发展计划，德国甚至在福岛事故后关停了国内 17 座反应堆。核裂变原料铀矿石的储量理论上极其丰富，但其分布很不均衡，且各产地矿石品质和开采成本相差极大。最新调查显示，地球已知常规天然铀储量，其开采成本低于每千克 130 美元的铀矿储量仅有 459 万 t，仅可供全世界现有规模核电站使用 60～70 年。2013 年，水力发电占全球能源消费量的 6.72%，全球水力发电量 8.558 亿 t 油当量，增长了 2.9%，其中以中国和印度为首的亚太地区占了全球 78% 的增长量。2013 年，可再生能源的增速持续提高，达到了创纪录的 2.7%，从全球范围来看，风能增加了 20.7%，占可再生能源发电增长的一半以上，太阳能光伏发电增长更为迅速，增加了 33%，但这是由于原有基数就处于较低水平。

综上所述，化石能源仍将是未来一段时间内能源消费版图中的支柱，其他能源短期内难以取代。但随着人类能源消费的不断增长，化石能源储量日益枯竭；同时巨量化石能源燃烧造成的环境污染是另一个亟须解决的问题。工业革命以来，各种化石能源的大量使用推动了世界经济发展和社会进步，同时也极大地影响了全球二氧化碳排放量和全球气候。据气象学家估算，陆地植物每年经光合作用固定吸收的二氧化碳为 200 亿～300 亿 t。而仅化石能源人为燃烧就产生二氧化碳 370 亿 t，加上生命呼吸、生物体腐败及火灾等产生的二氧化碳，严重超过植物光合作用吸收转化二氧化碳的量，破坏了自然界的二氧化碳循环平衡，已经开始造成保护地球的臭氧层破坏和其他一些反常现象。除了二氧化碳，燃烧中产生的二氧化硫和二氧化氮等有害气体同样造成了严重的污染。当前对化石能源需求最旺盛的是中国和印度，两国大城市的严重雾霾与快速增长的化石燃料消耗密切相关。核能发电在正常运行时所产生的环境污染微乎其微，但核废料的处理一直是个棘手的问题，而且在世界范围内，几乎每隔 10 余年总会发生一次大规模的核泄漏事故，如苏联的切尔诺贝利核电站事故、美国三里岛核电站事故、日本福岛核电站事故等，这些事件都给当地的生态造成了毁灭性的打击。

当前世界能源结构及其造成的问题迫使人类寻找新的能源解决方案，于是太阳能、风能、生物质能和潮汐能等可再生能源逐步进入人类视野。这些新能源都有各自局限性，综合而言，只有风能有潜力在短期内有效替代化石能源，成为人类能源版图中的另一个支柱。

1.1.2 中国能源产业现状及发展趋势

根据英国石油公司（BP）发布的 2014 年世界能源统计报告，2013 年中国能源消费结构统计数据见表 1-2。

表 1-2 2013 年中国能源消费结构表

能源种类	石油	天然气	煤炭	核能	水电	其他	总量
消费量（油当量）/Mt	525.2	147.9	1933.1	25.0	206.3	42.9	2880.4
比例/%	18.23	5.14	67.11	0.87	7.16	1.49	100.00

由于经济多年快速增长和巨大的人口基数，我国能源消费已连续数年保持世界第一，2013 年我国耗能共计 2880.4Mt 油当量，占世界总消费量的 22.6%。在我国能源消费结构中，化石能源同样占据统治地位，三项总占比为 90.48%，与世界水平相当，但我国能源结构也有自身的特点。在我国能源消费的版图中，煤炭占比虽然逐年下降，但仍居于绝

对主导地位，2013 年煤炭消费量仍占总消费量的三分之二。2013 年年底，我国煤炭探明储量为 1145 亿 t，占世界煤炭探明储量的 12.8%，储采比为 31。由于我国煤炭储量相对丰富，且成本较为低廉，因此煤炭的主导地位在未来的 20 年内不会发生根本的变化。近年来，我国石油消费快速增长，2013 年，我国石油消费增速略有放缓，在总消费量中占比 18.23%，仅次于美国，居世界第二位。截至 2013 年年底，中国石油探明储量为 181 亿桶（25 亿 t），占世界石油探明储量的 1.1%，储采比为 11.9。由于国内石油产量远不能满足需求，因此我国进口石油比例逐年提高。我国天然气消费量在总体上较低，但近年来增长迅猛，前几年年增幅均超过 20%，2013 年增速为 10.8%，虽有所放缓，但仍在世界范围内一枝独秀。截至 2013 年年底，中国天然气探明储量为 3.3 万亿 m^3，占世界天然气探明储量的 1.8%，储采比为 28。但如果考虑页岩气，我国天然气储量应有更大的潜力。

我国核能发展起步较晚，且对核能发展态度较为谨慎，因此核能发电占比一直很低。针对化石能源，特别是煤炭占主导地位的情况，我国原本制定的核电发展规划，但由于福岛核事故的影响，内陆已规划的核电一度搁置，核电建设计划的推进更加谨慎，短期内我国核电仍将是能源消费结构中的绝对配角。2013 年，我国水力发电量 2.063 亿 t 油当量，增长了 5.9%。同时我国将在西南的怒江和雅鲁藏布江流域兴建一系列的梯级水电站，水电占比仍将继续提高。但此处水电站离负荷中心较远，且其对流域生态环境的影响也是公众关注的焦点。其他可再生能源，特别是风力发电，虽暂时占比不高，但近年来却发展极快，2010 年和 2011 年增速都达到了 40% 以上，基本上 2 年就翻了一番。2013 年，我国新增安装风电机组 9356 台，新增装机容量 16088MW，同比增长 24.1%；累计安装风电机组 63120 台，装机容量 91413MW，同比增长 21.4%。新增装机容量和累计装机容量两项数据均居世界第一。预计到 2020 年，我国风电装机总容量将达到 200GW。

综上所述，我国能源消费结构具有的特点如下：

（1）总能耗巨大，而且还在快速增长，在化石能源之外，我国迫切需要寻找新的能源增长点。

（2）能源结构存在较大问题。我国是世界上少数几个以煤炭为主要能源的国家之一。虽然煤炭储量丰富，但地理上主要分布在山西、内蒙古地区，使煤炭的运输成为一个难题；且煤炭燃烧产生大量的二氧化碳和二氧化硫，使我国承担着越来越大的环保和碳减排压力；对比美国，其煤炭储量较我国更加丰富，但为了避免环境污染，美国更倾向于进口相对清洁的石油和开采天然气，其煤炭耗能占比一直较低。近年来随着汽车业的快速发展，我国对原油的需求也随之快速增长，由于国内产油量难以快速提升，因此石油对外依存度不断提高，至 2013 年，我国石油对外依存度为 58.1%，2013 年 10 月我国石油进口总量首次超过美国，成为全球最大石油净进口国。相对清洁的天然气消费增长很快，但原有基数不大。核电建设几近搁浅，水电发展潜力有限，要实现能源破局就需要在新能源领域，特别是风电领域有所作为。

1.1.3 风电产业发展现状及展望

风能利用的历史悠久，但大规模风力发电真正起步于 20 世纪 70 年代。西方发达国家迫于石油危机的压力，不得不寻求新能源以降低对石油的依赖，因此投入大量人力物力用于研发风力发电相关技术，并于 80 年代建立示范风场。80 年代中期以后，风电技术迅速成熟，并快速进入商用阶段。特别是欧洲，如丹麦、德国、法国等，为实现减排温室气体的目标，对风电执行较高收购电价的激励政策，促进了风电技术的研发和产业的发展，风电成本得以迅速下降。

欧洲是风电产业的先行者，数十年的努力已结出累累硕果。2013 年，丹麦新增风电装机容量 657MW，累计装机容量 4772MW，风力发电量在全国电力消费中占比高达 33%。近年来，德国非常重视新能源的发展，在关闭核电和限制火电的同时，大力发展风电产业。2013 年，德国装机容量稳步增长，新增装机容量 3238MW，累计装机容量达 34.25GW，占世界装机总量的 10.8%。由于国内政策相对稳定，产业链齐整，德国风电未来的发展前景依然将保持稳健态势。根据 2014 年德国政府修订的可再生能源法，到 2025 年可再生能源在总能源结构中的比例将达到 40%～45%，到 2035 年目标占比为 55%～60%。另一个表现突出的国家是英国，该国已成为海上风电的第一大国。2013 年新增装机容量 1883MW，其中 39% 为海上风电。海上风电累计装机容量 3681MW，占整个欧洲海上风电装机容量的一半。风电在国家能源结构中也日益重要，2013 年风电产生的电力占英国全国电力生产的 7.7%。截至 2013 年年底，欧洲累计风电装机容量达到 121.4GW。虽然受到经济危机的冲击，意大利、法国和西班牙减弱了对风电的政策支持，但风电在欧洲电力供应的比例仍逐年稳步提高，其中 2011—2013 年分别为 6.3%、7% 和 8%。

北美是另一个风电发展的热点地区。截至 2013 年年底，美国风电累计装机容量达 61GW，占世界总装机容量的 19.2%，仅次于我国居世界第二位。但由于 PTC（生产税收减免）政策的反复，2013 年新增装机容量仅为 1GW，相比于 2012 年的 12GW，呈现断崖式下降，但这不能代表美国风电的发展趋势。由于在技术储备、社会需求和资本供给等方面的优势，美国风电仍蕴藏着巨大的潜力。相比而言，加拿大 2013 年在 2012 年 938MW 新增装机容量的基础上实现了 70% 的增幅，达到 1599MW，使加拿大成为 2013 年全球第五大风电装机大国，而 2014 年加拿大的风电新增装机容量达到 1700MW，再创新高。墨西哥 2013 年新增装机容量 380.4MW，累计装机容量 1917MW。墨西哥的可再生能源发展目标为到 2024 年有 35% 的电力来自可再生能源。

亚洲是当前风电发展的发动机，2013 年更是以 18.2GW 的年新增装机容量蝉联榜首。除中国外，印度是亚洲风电发展的第二大国。虽然风电政策出现反复，然而 2013 年 1729MW 的新增装机容量依然确保了印度进入全球装机容量前五的行列。截至 2014 年 1 月，印度风电已占整个电力系统生产的 8.6%。尽管近两年来，风电发展受挫，但是长期来看印度的电力需求巨大，对可再生能源的需求也很大，风电发展依然利好。日本、韩国、巴基斯坦和我国台湾，风电装机总量虽然不大，但发展也保持了较为积极的态势。

2013 年，受各种因素影响，全球风电市场没能保持近 20 年来的持续增长势头。但促进风电发展的诸多驱动因素依然存在，而全球依然需要一个清洁、可靠、不依赖进口并且易于实现的能源，而风电正是能满足这些条件的不二选择。因此，在可预见的将来，风力发电仍将是全球能源领域的热点。

1.1.4 我国风力发电产业发展现状及展望

我国风力发电起步很早，早在20世纪五六十年代就已经开始了风电技术的探索。但长期以来，我国风电主要致力于满足电网无法覆盖的边远地区的渔牧民用电需求，没有并入电网，因此也没有建立规模化的风电产业。20世纪90年代，随着对清洁能源的逐渐重视，我国风电产业逐步建立并发展；特别进入2000年之后，我国风电产业加速发展。据统计，2001—2013年我国风电累计装机容量的年复合增长率为57.12%，位居全球第一；2013年，我国新增风电装机容量16088MW，占当年全球新增装机容量的45.6%，位居全球第一；截至2013年，我国风电装机总容量91.4GW，占世界总容量的28.7%，位居全球第一。2013年，我国累计风力发电量134.9TWh，占全国总发电量的2.5%，成为继火电和水电之后的第三大能源。

虽然风电开发已取得了突出的成绩，但我国风电发展仍然蕴含着巨大的潜力。2008年开展了"全国风能资源详查和评价"项目，该项目最终得出的结论是，在年平均风功率密度达到$300W/m^2$的风能资源覆盖区域内，考虑各种制约因素，得出我国陆上50m、70m、100m高度层年平均风功率密度不小于$300W/m^2$的风能资源技术开发量分别为20亿kW、26亿kW和34亿kW。此外，低风速型风电机组的推出，使得我国风能可开发区域大幅增加，技术可开发储量也高于现有的评估数据。总体上，我国风能资源技术开发量满足国家大规模开发风电的需要。在风能储备丰富的同时，我国对于风电的需求同样十分旺盛。我国经济仍处于较快发展的通道中，对电力的需求仍然相当迫切。在哥本哈根气候变化大会前夕，我国向世界做出了负责任的承诺：争取到2020年非化石能源占一次能源消费比重达到15%，到2020年单位国内生产总值（GDP）温室气体排放量比2005年减少40%~45%。在碳排放的压力下，火电发展受到抑制，而核电又由于对安全性的顾虑而举步维艰，同时其他新能源如光伏发电、潮汐能发电在技术和经济性方面又不成熟。在此情况下，大力发展风电似乎是我国能源建设的唯一出路。

从近几年的发展来看，2011年、2012年我国风电装机速度有所放缓，没有达到事先规划每年装机容量18GW的目标，但是2013年已明显回暖。2014年，中国风电产业发展势头良好，新增风电装机量刷新历史纪录。据统计，2014年全国（除台湾地区外）新增安装风电机组13121台，新增装机容量19.81GW，创历史新高；累计安装风电机组76241台，累计装机容量96.37GW。2014年风电上网电量1534亿kWh，占全部发电量的2.78%。而截至2015年一季度，全国风电新增并网容量4.7GW。展望未来，若在未来五年内保持当前的发展速度，以每年新增装机容量18~20GW的平衡速度发展，则到2020年可以完成总装机容量200GW的规划目标。我国经济在不断发展，但也伴生了严重的雾霾现象。以煤炭为主的能源消费结构造成雾霾的重要原因之一，因此有必要加快调整能源结构。若"十三五"期间在有条件的省市大力发展风电，以取代一次能源，到2020年我国风电装机总容量将可望达到250GW。而如果要实现我国在世界气候大会上的承诺，调动国内一切积极因素发展风电为代表的清洁能源，乐观估计到2020年我国风电装机总容量甚至可能达到320GW。

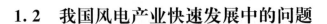

1.2 我国风电产业快速发展中的问题

我国风电产业发展很快，较短时间内无论是总装机容量还是年新增装机容量都位列世界第一，相关机械制造水平也逐年提高。但是一个产业的发展需要内外因素配合，因此也不可避免存在一些发展中的问题。

1.2.1 电网消纳能力不足

当前风电发展遇到的最大问题是电网对风电的消纳能力不足，当然这也是一个世界性的难题。2012 年，由"弃风"造成的损失高达 20TWh，占全年风力发电量的 20%；2013年有所好转，损失达 16.2TWh，全年占比 12%。其中蒙东地区 2013 年"弃风"电量3400GWh，甘肃地区 3100GWh，蒙西地区 2990GWh，河北地区 2800GWh，吉林地区1572GWh，黑龙江地区 1151GWh，辽宁地区 528GWh，新疆地区 431GWh。造成这一问题的主要原因如下：

（1）由于我国风资源集中、规模大，远离负荷中心，蒙西、蒙东、甘肃、河北 4 个地区风电装机总规模占全国的 50%，用电量仅占全国的 10%，难以就地消纳。

（2）风电建设速度超出本地区电力消纳能力的增长速度，风电并网规模超出电网外送能力。"十二五"以来，东北地区全社会用电量年均增长 5.6%，但并网风电年均增长25.3%，风电并网的增速远远高于当地电力需求的增长。据中电联电力供需预测显示：在送受电力参与平衡后，东北区域电力供应富余仍达到 20GW，加之外送能力的不足，是造成电力富余的根本原因。

（3）我国风电集中的"三北"地区电源结构单一，抽水蓄能、燃气电站等灵活调节电源比重不足 2%，特别是冬季由于供热机组比重大，调峰能力十分有限。在发展清洁能源的大背景下，我国未来风电发展仍将保持较高的速度，因此风电的电网消纳仍将是一个严峻的问题。要缓解这个问题，需要加快配套电网建设，保障风电项目及时并网；同时优化调度，提高风电消纳水平。

1.2.2 政策支持前景不确定

风电产业发展的第二个问题是政策支持的前景不确定。风电相对于火电等传统能源而言仍只是新兴产业，设备制造的规模和成本相对都缺乏优势，因此当前风电成本仍然偏高，需要国家相应的政策扶持。政策扶持的力度对于风电发展是极其关键的，在过去两年里，由于欧债危机的影响，一些欧洲国家取消或减少了对于风电的支持力度，造成了新增风电装机容量的锐减，西班牙、意大利和法国 2013 年新增装机容量同比下降了 84%、65% 和 24%，而美国也因为 PTC 政策的反复，新增装机容量降幅达到 92%。我国近年来风电蓬勃发展得益于国家政策的有力扶持，但随着陆上风机设备价格的持续下降，降低风电补贴、实现风火同价的呼声日高。然而在风电机组价格连年下降的现象背后，限电问题日益凸显、CDM（Clean Development Mechanism，清洁发展机制）收益大幅缩水等因素均严重影响了风电项目的盈利能力，同时产业链中上游设备和零部件制造企业过度牺牲盈

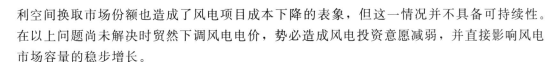

利空间换取市场份额也造成了风电项目成本下降的表象，但这一情况并不具备可持续性。在以上问题尚未解决时贸然下调风电电价，势必造成风电投资意愿减弱，并直接影响风电市场容量的稳步增长。

1.2.3　技术水平制约

第三个问题是技术水平的制约。风电的长远、健康发展，关键在于设备的可靠性和技术的先进性。虽然在世界十强风电企业中，我国企业数量达到三四个，但那是从产量上衡量的。真正从品牌上来评判，还不算世界一流。过去几年间爆发式增长把中国风电产业送上世界第一的位置，但在产业精细化和成熟度上则远远没有达到世界先进水平。从最初的许可证生产、联合设计，再到自主开发，我国风电制造业的发展是从最初的技术引进开始的。与欧美同行业相比，我国的风电产业尚处于粗放式经营阶段，存在着核心技术缺失、管理水平不高、劳动生产率偏低、标准不健全、工艺流程和产品质量粗糙等一系列问题。风电企业必须在经营管理、价值观念和技术创新方面实现突破和转型，形成自己的核心竞争力，才能巩固自身的市场地位，适应国内、国际市场的需求。

1.3　风电功率预测的价值和意义

风电功率预测技术是以风电场气象信息、历史功率数据等为依据，利用物理模拟计算和科学统计方法，通过对风电场的风力风速进行短期预测，从而预测出风电场的功率，为电力调度部门制定风电调度方案提供依据。

风能具有波动性、间歇性、低能量密度等特点，因此，风电功率也是波动的、间歇的。当风力发电在电网中所占的比例非常小时，上述特点不会对电网造成明显影响。但是，随着风力发电装机容量的迅速增加，其在电网中的比例也不断上升，一旦风电的穿透功率超过极限比例，接入电网的风力发电机组将会对电力系统的安全、稳定运行以及电能质量带来严峻挑战。因此，电力市场和电力系统调度员在制定发电计划和调度决定时必须充分考虑风电功率的波动性和不确定性。通过风电功率预测技术，将从未知变为基本已知，调度运行人员可根据预测的波动情况，合理安排应对措施，提高电网的安全性和可靠性；而将功率预测与负荷预测相结合，还有利于调度运行人员调整和优化常规电源的发电计划，改善电网调峰能力，增加风电的并网容量；根据风电功率预测结果，只需增加对应预测误差的旋转备用容量，可以显著降低额外增加的旋转备用容量，对改善电力系统运行经济性、减少温室气体排放具有非常重要的意义。

如果电网企业不能提前得知风电上网的功率值，只能通过增加备用容量的方式使风电进入电网系统。但当电网比较薄弱时，这种方式就会对电网调度造成影响，此时为了保障电网的安全运行，就可能出现大量的"弃风"现象，造成巨大的经济损失。因此风电场装设风电功率预测系统，不但有利于电网的安全稳定运行，还有利于保护风电投资人的利益。

同时，准确的风速预测也有利于风电场合理制定检修维护计划，提高风电场的设备利用率和可靠性。目前风电机组可利用的有效风速段一般为 $5\sim25\mathrm{m}$。为了保证风电机组能在有效风速时段正常运行，充分发挥效益，就要避开有效风速阶段，做好风电机组的维护工作。例如：预防性的定期检查，定期润滑，对风电机组主要零部件的解体清洗，对磨损零件的更换，各部分间隙的重新调整等维护工作。另外，大风虽然能够给风电场带来很好的效益，但是当风速超过切出风速时，就会对风电机组造成损坏，风电机组会从额定出力状态自动退出运行。风电机组的维护工作，是一项既需要人力又需要时间的工作，这就要求对风速的预测能够提前 2~3 天，这样将有利于风电场的时间统筹和维护运营。

综上所述，准确的风电功率预测有利于电网的安全稳定运行、有利于保护投资人利益、有利于风电场日常维护，是缓解我国当前风电消纳能力瓶颈，维护投资人热情的有力措施。因此，国家能源局发布并于 2014 年 4 月 1 日正式实施的《风电功率预测系统功能规范》（NB/T 31046—2013）中，明确规定风电场必须装设风电功率预测系统。

1.4 风电功率预测技术发展现状

风电功率预测技术的发展一共经历了三个阶段。

（1）1990 年之前，为相应的预测理论研究阶段。在 20 世纪 70 年代，PNL（Pacific Northwest Laboratory，太平洋西北国家实验室）的科研人员首次研究了风电功率预测对电力公司的重要性及其效果，并指出预测的实际意义。该阶段主要进行理论研究，实际运行案例极少。研究的内容包括模式输出统计（Model Output Statistics，MOS）、马尔可夫模型（Markov Model）、卡曼滤波（Kalman Filter）、自回归滑动平均（Auto Regressive Moving Average，ARMA）模型、基于地面气象观测数据的统计模型等。

（2）1990—2000 年，为预测模型实用阶段。该阶段的研究内容包括物理降尺度、MOS、条件参数模型、神经网络模型等。期间有诸多实际运行案例被应用在丹麦、希腊以及西班牙等地。

（3）2000 年至今，为预测模型广泛应用阶段。研发内容集中在中尺度数值天气预报（Numerical Weather Prediction，NWP）、概率预测、联合预测、气象集合预测多模型集合预测上。仅欧盟的研发项目就有 Anemos、Anemos plus、Honeymoon、POW'WOW（Prediction of Waves, Wakes and Offshore Wind）、SafeWind 等。美国、澳大利亚等国也纷纷开始了本国的风电功率预测研发项目，预测系统应用的案例从丹麦扩展到德国、美国、挪威等国。

1.5 风电功率预测技术原理及发展前景

1.5.1 风电功率预测技术原理

风电功率预测技术可按照预测的时间尺度和预测原理进行分类。

1. 按照预测的时间尺度分类

风电功率预测技术按时间尺度分为长期预测（Long-Term Prediction）、短期预测

(Short-Term Prediction) 和超短期预测 （Very Short-Term Prediction）。

（1）长期预测。该类技术以"天"为预测单位，主要任务是提前一周对每天的功率进行预测，目的是为了制定风电场以及电力系统的检修计划。该类预测技术需要基于数值气象预测。

（2）短期预测。该类技术以"小时"为预测单位，一般是提前48h或72h对未来每小时的风电功率进行预测，目的是便于电网合理调度，保证供电质量，为风电场参与次日上网竞价提供保证。该类方法也需基于数值气象预测模型。

（3）超短期预测。该类技术以"分钟"或"小时"为预测单位，预测的时间尺度并没有一致的标准。根据《风电功率预测系统功能规范》（NB/T 31046—2013）的规定，该类预测的时间尺度为0～4h，时间分辨率为15min。该类预测主要应用于风机的控制，当天的风电市场竞价，也可用于电力系统的辅助设施管理和经济性调度。该类方法可只基于风电场历史数据。

2．按照预测的模型分类

（1）物理模型。该模型的原理是首先获得风电场所在地的中尺度天气模式数值天气预报，具体的参数包括风速、风向、湿度、气压等，然后根据风电场所在地型和地表植被等情况进行局地建模，将数值天气预报参数转化为风机所在位置轮毂高度（一般为70m）的风速和风向，最后结合风机的功率曲线，得到风机发电的实时功率预测值。该模型适用于风电场的长期预测和短期预测，不需要风电场历史数据。

（2）统计模型。统计模型有两种思路：①使用数学模型表达数值天气预报参数（风速、风向、气压和湿度）与风电场发电功率间的函数关系，再根据未来的数值天气预报值，使用该数学模型进行风功率预测；②认为风电场历史发电功率数据中已暗含了各种天气因素的影响，因此使用数学模型对历史数据进行学习并外推，从而得到风电功率的预测值。这种模型适用于超短期预测，历史数据越多、越翔实，预测精度越高。

随后在本书第2章和第3章中，将对以上两种模型进行详细介绍。

1.5.2 风电功率预测技术发展前景

经过数十年的发展，风电功率预测技术日趋复杂，其预测精度也逐步提高，未来预测技术可能沿着以下方向发展：

（1）采用更先进的智能算法来提高现有预测模型的预测精度。

（2）将先进的统计方法和物理方法集成，提高各种时间尺度下的风电功率预测精度。

（3）研究更加可靠的风电功率预测结果置信区间估计方法。

（4）继续提高复杂地形地区的数值天气预报精度。

（5）开发更合理、更精确的外推方法来提高区域风电场的功率预测精度。

1.6 风的形成与地形对风的影响

风力发电是由风力驱动的发电方式，要精确预测风电功率，就要清晰了解风的形成机理，特别是地形对风电场的影响。本节将对以上知识进行简要介绍。

1.6.1　风的形成

（1）地球大气层吸收了大约 20％的太阳辐射能，这些被大气层所吸收的辐射能使大气被加热，出现冷热不均，随着扰动产生了风。由于地球绕太阳公转，随着太阳与地球相隔距离和相对方位的变换，地球表面能够接收的太阳辐射强度也会有差别，这样空气受热随之流动。在赤道和地球两极、低纬度区域和高纬度区域，前者的太阳辐射强度较后者强，由此因素影响大气和地面所能够吸收到的热量就较多，温度升高也比较显著。因此，在赤道和两极就形成了温度差和压力差，在赤道附近的热空气上升，并向两极运动，而两极较冷的空气向赤道运动，这就在地球表面造成了所在地的风。

（2）空气受到大气压差和由于地球自转产生的地转偏向力的共同影响，地球大气随之扰动。在北半球，地球自西向东自转，本来向北运动的气流折返向东运动，本来向南运动的气流折返向西运动。在北纬 30°附近，地转偏向力与气压梯度力相当，空气运动方向几乎与纬度平行向东运动，也就是熟知的"盛行西风"，在这个区域形成了盛行西风带。

西风带这一区域形成了高压和温和的气候，使得一部分空气向南运动，流向赤道。鉴于地转偏向力的随时存在，就造成东北风影响北半球比较明显，东南风影响南半球比较明显，整个区域的风速变化波动不会特别明显，由于前者的存在产生了所谓的"信风"，故把处在地球南北纬度 30°之间的这样一个区域称为信风带。这个区域的一部分空气会由于受力而向北移动，目标是地球两极。地球不断自转，使得北半球这个区域刮西风，风速起伏较大，形成这个区域独有的西风带。在北纬 60°附近，西风带遇到了由北极向南流动的冷空气，而迫使空气向上爬升，致使在这个区域形成了一个近极弱风带。

由于冷暖空气的相遇，使得这个区间的空气分成了两路，其中前者向南运动，后者向北运动。向北运动的这部分气流，在地球自转产生的地转偏向力的推动下，使得北半球刮起了偏东风，在地球北纬 60°～90°的区域范围内产生了极地东风带。

（3）地球表面的物质结构不同造成了对太阳辐射热量吸收的不同，这又是风形成的另一个原因。如，把海洋和它周围的陆地做比较，由于水和陆地比热容不同，使得海洋对于温度的热响应没有陆地迅速；从另一方面海洋的温度下降的速度也要比周围的陆地要降低很多。地质结构的不同造就了热容性的差别，使得不同的区域有各自的气团。多数情况下，冷暖气团的相遇是成就大范围的气流运的主要原因。地球是一个复杂的表面，各区域冷暖程度均不一样，这就为气流的形成具备了天然的条件，如图 1-1 所示。

1.6.2　大气边界层风场的形成

大气边界层是紧靠地球表面，厚度为 1～1.5km 的一层大气。这层大气运动影响因素颇为复杂，既受地面热力影响，又受到地表地形和粗糙度的影响，因此地表风场比较复杂，具有明显的湍流性质。当前人类建立的风电场均处于大气边界层中，风电场的功率预测系统要较为准确地预测发电功率，即预测模型需要较好地表达地形和地面粗糙度对于近地风场的影响。因此，有必要讨论各种风功率预测模型对各类地形的适应性，为不同地区风电场功率预测系统的开发提供依据。

地球表面并不平坦，总有些凹凸不平和缓坡。小的不规则地貌如树林、防护林带等，都

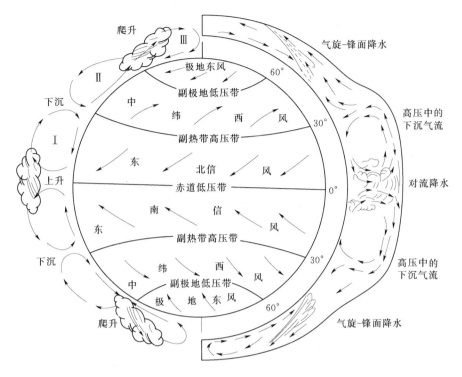

图 1-1 地球表面风带图

被看作是平坦场地；而大规模的高地或者洼地如山、山脊、山谷、峡谷等，都被看作是非平坦场地。按照 Frost 和 Nowak 的观点：如果地形符合下述条件，则把它们看作是平地。

（1）在风电场四周 5km 直径范围内，无论在哪个地点，风电场与周围地形的高差不大于 60m。

（2）在风电场上风侧 4km 和下风侧 0.8km 内的山丘，其高宽比不大于 1/50。

（3）在上风侧 4km 范围内，风电机组叶片下端离地高度大于 3 倍最大高差。

非平坦地形的构成千差万别。因此，Hiester 和 Pennell 建议做如下的分类：

（1）孤立的高地或洼地。

（2）山区地形。

山区的气流条件较复杂，因为高地和洼地是随意形成的。为了研究山区的风流态，把山区地形分成小规模和大规模两种。这两种地形依据大气边界层高度来区别。例如，若山体高度是大气边界层厚度的一小部分（约 1/10），则山区可以说是小规模山丘地形；若山体高度大于大气边界层厚度或甚至超出大气边界层厚度（约 1000m）的地形则为大规模山丘地形。在确定地形与分类时必须对风向的资料加以考虑。例如，一座孤立的山（高 200m、宽 1000m）位于推荐厂址之南 1km 处，这种情况通常把厂址归类为非平坦地形。但是，如果风以 2m/s 的平均速度从这个方向吹刮的时间较少，或只有极少的风能与吹过山的风有关，那么这种地形就可以看作是平坦地形。

平坦地形对风特性（即风速、风向和紊流）的影响，除了特别的垂直风形外，其余可以忽略不计；而非平坦地形对风特性的影响是复杂多变的。此外，沿海地区风电场由于海陆的热力学特性差异，近地风场也有其自身的特点。因此，下文将就非平坦地形和沿海地区的近地风场特性进行讨论。

1.6.3 山区的近地风场

山区的地形复杂，近地风场的模拟历来是一个难题。精确地描述山区的近地风场是困难的，本节主要介绍决定山区近地风场的主要规律和影响因素。

目前对于山地风场的研究主要集中在平均风速的加速效应（speed-up effect）上，即在山地地形中，某高度平均风速比平地相应高度平均风速有所增加的效应，一般在山顶的近地面最为明显。通常用一无量纲参数：加速比（speed-up ratio）来定量描述加速效应，即

$$\Delta S = \frac{U(z) - U_0(z)}{U(z)}$$

式中 $U(z)$——山地地面以上 z 高度处的风速；

       $U_0(z)$——平地地面以上 z 高度处的风速。

山体各位置的平均风速由山体形状、坡度和高度等因素决定。图 1 - 2 为某山地平均风速剖面图。

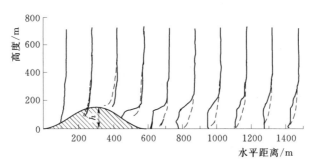

图 1 - 2   山地平均风速剖面图
h—山地高度

图中虚线表示未受山体干扰时的平地风场风速剖面，实线表示山体风场中的风速剖面。可看出迎风面山脚的风速剖面几乎与平地风场重合，可视为没有变化；迎风面山腰处风速已经开始增大，当到达山顶时平均风速的增加达到最大值，特别在临近地面处最为显著；刚进入背风面区域，由于山顶处造成的空气流动分离，导致山顶高度以下区域风速迅速减小，在背风面山脚最为明显，整个山顶高度以下区域风速几乎都为 0。再往背风面方向，近地面风速则逐渐增大，到背风面山脚后 $5h$（h 为山地高度）距离处基本恢复到来流风速剖面，山体影响基本消失。

山坡的坡度对山地近地风场加速比也有较大影响。对于山地的迎风面而言，在近地面高度加速效应最为明显，加速比随坡度的增加而逐渐变大，但明显不是线性关系。近地面处最大加速比值较大，而随着高度增加迅速减小，且加速比基本不随坡度的变化而改变。这说明山体坡度只影响到山顶近地面的加速比。而对于背风面而言，随着坡度的增加，风速减小的幅度显著增大。背风面减速效应只在山顶高度以下发生，且减速比绝对值随坡度的增大而增加。

在坡度相等的情况下，山体的高度也是影响加速比的重要因素。对于迎风面而言，随着山体高度的增加，近地面处的加速比显著提高，但在一定高度以上已经基本不受山体高度的影响。而对于背风面，山顶高度越高，背风面山脚的影响高度越大。由于山体的绕流会出现大量流动分离或旋涡，因此背风面近地面处加速比变化显得较为杂乱。

1.6.4 沿海地区的海陆风

沿海风场的地形千差万别，是影响近地风场特性的重要因素；此外，由于海面与陆面热力学特性的极大差异，造成了海陆风现象。下文将对海陆风现象的原理进行介绍，并以广东海陵岛为例，介绍其风速及风速廓线的变化特性，为风电功率预测系统的建设提供依据。

由于陆地土壤热容量比海水热容量小得多，陆地升温比海洋快得多，因此陆地上的气温比附近海洋上的气温高得多。在水平气压梯度力的作用下，上空的空气从陆地流向海洋，然后下沉至低空，又由海面流向陆地，再度上升，遂形成低层海风和铅直剖面上的海风环流。因海洋和陆地受热不均匀而在海岸附近形成的一种有日周期性变化的风系。在基本气流微弱时，白天风从海上吹向陆地，夜晚风从陆地吹向海洋。前者称为海风，后者称为陆风，合称为海陆风。海陆风示意如图1-3所示。

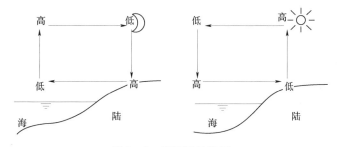

图1-3 海陆风示意图

海陆风的水平范围可达几十千米，垂直高度达1~2km，周期为一昼夜。白天，地表受太阳辐射而增温，由于陆地土壤热容量比海水热容量小得多，陆地升温比海洋快得多，因此陆地上的气温显著地比附近海洋上的气温高。陆地上空气柱因受热膨胀，形成了海陆的气温、气压的差值分布，海风从每天上午开始直到傍晚，风力以下午为最强。日落以后，陆地降温比海洋快；到了夜间，海上气温高于陆地，就出现与白天相反的热力环流而形成低层陆风和铅直剖面上的陆风环流。海陆的温差，白天大于夜晚，所以海风较陆风强。如果海风被迫沿山坡上升，常产生云层。在较大湖泊的湖陆交界地，也可产生和海陆风环流相似的湖陆风。海风和湖风对沿岸居民都有消暑热的作用。在较大的海岛上，白天的海风由四周向海岛辐合，夜间的陆风则由海岛向四周辐散。因此，海岛上白天多雨，夜间多晴朗。例如中国海南岛，降水强度在一天之内的最大值出现在下午海风辐合最强的时刻。由于夜间低空热力差别远不如白天大，因此，无论气流速度还是环流高度，陆风环流都比海风环流弱，陆风的风速仅为1~2m/s。

海陆风在热带地区发展最强，一年四季都可出现，出现次数比温带和寒带多。中纬度地区（如中国渤海地区）的海陆风，夏秋两季比冬春两季出现次数多。高纬度地区只在暖季出现海陆风。较大的岛屿如中国海南岛，也会出现海陆风。海风白天从四周吹向海岛，夜间陆风从海岛吹向周围海面。海陆风盛行的海岛和沿海陆地，白天多出现云、雨和雾；夜间以晴朗天气为主。

海陆风是利用沿海风电场设计建设中的一个重要问题。Lyons，T. J. Bell 曾经指出，海陆风在没有大尺度天气背景下是风能的重要来源。然而，涉及风能领域关于海陆风的研究工作非常少。我国海岸线绵长，有丰富的风能资源可供开发，沿海风能相对于内陆风能而言，风速大，有效小时数多，海陆风发生频繁。

沿海地区最突出的特点就是海陆风的存在及大尺度风向的变化。以广州阳江海陵岛上 7 座测风塔的 NRG（NRG 为美国大型能源公司）测风资料为例进行分析，每座测风塔在三个不同的高度上进行风速测量，并在最高层和最低层进行风向测量，测风塔上仪器每隔 10min 采集一次风速、风向资料。

海陆风是海陆热力差异的结果，所以伴随海陆风日内热力差异的变化风速必定有一个相应的变化。以 4 个测风站点观测的风向风速为分析依据：海陵岛某日 02：00～09：00，为陆风阶段；02：00～05：50，风速逐渐增加，在这一个时段，陆面温度越来越低，海陆温差逐渐增大；06：00～09：00，风速逐渐减小，这一时间段内陆风风速减小是由于太阳辐射的加强使陆面温度逐渐升高，海陆温差减少；09：10～13：10，是海陆风的转折期，海陆热力差异发生转向，同时这一阶段的风速也是从 02：00 模拟开始到 13：10 风速最小的一个时间段；而接下来从 13：20～次日 00：50 则是海风阶段，对于海风阶段，同样也存在风速增加和风速减小两个不同的阶段，13：20～18：00，风速逐渐增加，由于太阳辐射，陆面温度逐渐升高，海陆温差增大，18：10～次日 00：50，太阳辐射的减少使得海陆温差减小，导致风速减小，然后是一个海风向陆风转化阶段。这样就完成了一个由陆风向海风又向陆风的转变。

风速廓线是风能利用中重要的问题之一，无论海陆风发生与否，大尺度气流来自不同方向时都会反映不同的热力效应与大气层结效应。而传统的风速廓线在应用时，既需要考虑不同风向时下垫面粗糙度的变化又要考虑大气稳定度的变化，这给风电场的实际操作带来了很大不便。利用数值模式进行风速预测时，由于模式稳定性及网格结构的原因，计算高度通常与风机高度并不一致，这时就需要利用当地风速廓线的特性进行插值，进而进行风速与风电功率的预测。这也是风电功率预测中进行风速廓线研究的必要性。

由上述结果可知，在海陵岛区域，当风向为海风风向时，60m、40m 与 10m 三个高度上的风速差异非常小；而当风向为陆风风向时，60m、40m 与 10m 三个高度上的风速差异较大。

1.7　小　　结

本章基于翔实的数据介绍了当前能源消费结构和发展趋势。从中可以发现，虽然在短期内风电还不是能源消费的绝对支柱，但无论在当前的态势还是发展潜力上，都代表了未来发展的方向。在发展中，风电也存在着诸如电网消纳能力等问题，而风电功率预测技术是解决其中一些问题的重要手段。针对风电功率预测技术，本章简要介绍了其发展历程、分类、技术原理和未来发展的方向。

第 2 章　风电功率预测的物理模型

2.1　基　本　思　想

物理模型是一整套具有严密逻辑的风电场功率预测理论，该方法首先基于数值天气预报（Numerical Weather Prediction，NWP）得到风电场所在地的气象资料（如风速、风向等的预测值），然后根据风电场所在地的地形和地表植被或材质等进行局域地理建模，并考虑尾流效应，根据此模型将数值天气预报提供的预测值转化为风机所在位置和高度的风速和风向数据，最后与风机的功率曲线相匹配，得到单个风机或整个风电场的风电功率预测值。从以上描述可知，物理模型的预测精度取决于数值天气预报的准确性、风电场局域建模的精度以及风电功率曲线的准确性。其预报流程如图 2-1 所示。

物理模型预测技术在国外已得到了较为广泛的应用。其中 Troen 和 Landberg 开发了物理预测模型 Prediktor，它是全球第一个风电功率预测软件。该模型利用数值天气预报系统中的高分辨率有限区域模型（High Resolution Limited Area Model，HIRLAM），根据地心自转拖引定理和风速的对数分布图，将高空的数值天气预报风速转换为某一地点的地面风速，同时运用 WAsP 程序考虑地面障碍物、粗糙度变化的影响以及地形的影响，运用 PARK 模型考虑风电场尾流的影响。其预测时间尺度为 36h，初步结果表明，当只考虑大于 5m/s 的风速时，该模型相比未来 9h 的单一值（如风速和风向）的持续性模型有轻微的改进。Beyer 等开发了一种时间尺度为 6~48h 的物理模型。

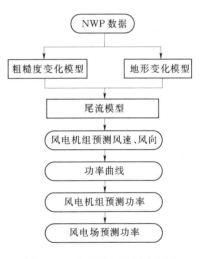

图 2-1　物理模型预报流程图

在预报过程中，他们还评估了预测误差的空间相关性。结果表明：当输出功率较小时，预测的误差较大；当输出功率较大时，预测的效果较好；相比一个风电场的输出功率预测，对区域内多个风电场的总输出功率预测的不确定性更小。Marti 等细化了 Prediktor 中使用的高分辨率有限区域模型（HIRLAM），用于预测一个中等复杂地形的风电场的输出功率，在预测中采用了两个空间分辨率：0.2°和 0.5°，根据预报结果，小分辨率模型的预测效果更佳。我国的冯双磊采用解析原理分析了风电场局地效应与风电机组尾流影响，提出了适用于工程应用的风电功率物理预测方法。

物理模型无需历史数据支持，适用于新建风电场的功率预测；且该模型的预测单位为单台风电机组，可在风电场某些风电机组被切除后仍给出较为准确的预报值。但物理模型也有一些显著的不足：①数值天气预报的误差是物理模型的主要误差来源，同时由于数值天气预报基于复杂的数学模型，预报的运算量极为惊人，预报精度要求越高，则预报的实时性就难以得到保证；②地形、地表粗糙度和尾流等信息的收集和描述也是物理模型的主要难点；③物理模型的预测流程较长，在预测过程中，容易造成误差的积累。

下文将根据物理模型预报流程，依次介绍数值天气预报、风电场局域建模方法和风电机组功率曲线的相关内容。

2.2　数值天气预报

大气运动遵守牛顿第二定律、质量守恒定律、热力学能量守恒定律、气体实验定律和水汽守恒定律等物理定律。这些物理定律的数学表达式分别为运动方程、连续方程、热力学方程、状态方程和水汽方程等基本方程。它们构成支配大气运动的基本方程组。

所谓数值天气预报，就是在给定初始条件和边界条件的情况下，数值求解大气运动基本方程组，由已知的初始时刻的大气状态预报未来时刻的大气状态。因此，大气运动基本方程组是制作数值天气预报的基础。

100 年前，挪威学者 Bjerknes 首次对数值天气预报理论作了非常明确的表述，认为大气的未来状态原则上完全由大气的初始状态、已知的边界条件和大气运动方程、质量守恒方程、状态方程、热力学方程所共同决定。换句话说，在给定大气初始状态和边界条件下，通过求解描述大气运动变化规律的数学物理方程组，可以把未来的天气较精确地计算出来。Bjerknes 提出了动力天气预报的新理论方法，而英国科学家 Richardson 则首次提出直接用"数值积分"这些方程的方法求解这一问题：取未经简化的完全原始方程，水平格距 200 km，垂直 4 层，中心位于德国，1910 年 5 月 20 日 07 世界时的观测作为初值。他借助一把 10in❶ 的滑动式计算尺，制作出了世界上第一张 6h 地面气压数值预报图（时间积分为 1910 年 5 月 20 日 04—10 世界时）。可是，这张地面气压预报图"预报"的 6h 气压变化为 14.6kPa，而实际观测气压几乎没有多大变化，从精度上看该预报毫无参考价值，而且其计算时间花了将近一个月，从时效上也已毫无预报意义了。可以说，Richardson 的首次数值天气预报是失败的。然而他的研究工作的真正价值在于暴露了后来该领域研究工作者都必须面对的所有关键问题，并为这些问题的解决奠定了工作基础。

20 世纪 40 年代前后大气科学取得了重大突破，人们揭示出了大气中存在着 3 大波动，即声波、重力波、大气慢波。除此之外，Rossby 波也是一种重要的天气学波动，是根据著名的 Rossby 大气长波理论提出来的。这些为数值天气预报滤波模式发展奠定了大气科学理论基础。到第二次世界大战后，地面和高空观测密度、范围大大增加，并出现大容量、高速电子计算机，为数值天气预报模式发展提供了可靠的初值条件和有力的计算手段与工具。Charney 等在 1950 年，借助美国的世界首台电子计算机 ENIAC，用滤掉（或不包括）重力波和声波的准地转平衡滤波一层模式，成功地制作出了 50kPa 高度场形势 24h 预报，从而开创了数值天气预报滤波模式时代。继 Charney 等的成功之后，Rossby 返回瑞典领导一个研究小组，也成功地利用瑞典制造的、当时世界上强大的计算机

---

❶　1in＝0.0254m。

BESK，再现了 Charney 等的数值预报试验。4 年后（即 1954 年）瑞典在世界上率先开始了实时数值天气预报，比美国开始业务数值天气预报早了 6 个月。从这一年开始，数值天气预报从纯研究探索走向了业务应用，同时也意味着地球科学由大气科学开始从定性研究向定量研究迈出了坚实的第一步。

　　Charney 并不止步于其滤波模式的成功，而是看到若采用 Richardson 当初尝试过的非滤波原始方程会做得更好。要从滤波模式走到原始方程模式必须逾越两道障碍：①Richardson 揭示出来的如何获取足够精度的初始水平散度场的问题，而水平散度又不是气象观测变量；②如何选择满足计算稳定条件的时间步长，这意味着若时间步长过短、对计算机能力要求过高而影响其可行性。Charney 通过小时间步长、初始水平散度取为零的正压原始方程模式的成功试验证明了原始方程模式用于数值天气预报中是可行的。另外，Charney 对非绝热和摩擦项、水汽凝结过程、辐射过程、湍流过程等物理过程的重要性和作用进行了讨论，随后的研究也越来越重视次网格物理过程的参数化影响问题。Smagorinsky 首先引入湿绝热过程（Moist Adiabatic Process）参数化获得成功；进入 20 世纪 60 年代中期，一批有影响的参数化方案相继提出，如 Manabe 等提出了简单干对流调整过程（Dry Convective Adjustment）参数化方案，并成功地用于许多数值天气预报模式中；Kuo 针对热带对流过程提出的积云对流参数化方案直至今日仍是众多研究和业务数值天气预报模式中的首选方案。从 20 世纪 60 年代中期起，次网格物理过程参数化的重要性得到了确定，也逐步走向成熟。与此同时，包含有简单物理过程参数化方案的、较完善的原始方程数值天气预报全球模式也在逐渐形成。1965 年，Smagorinsky 等提出了当时较高分辨率的 9 层大气环流模式，数值试验结果表明该模式的设计构造是成功的，这是数值天气预报模式业务应用 10 年后，在数值天气预报模式设计上取得的重大突破，为现代数值天气预报模式的研究与应用奠定了重要基础。

　　经过一个世纪的数值天气预报理论研究和半个世纪的业务化应用实践，数值天气预报取得迅速发展。数值天气预报已成为现代天气预报业务的基础和天气预报业务发展的主流方向，改进和提高数值预报精度是提高天气预报准确率的关键。最近 10 多年来，大气科学以及地球科学的研究进展，高速度、大容量的巨型计算机及其网络系统的快速发展，加快了数值天气预报的发展步伐。在这一发展过程中，一方面，数值预报水平和可用性大大提高，天气形势可用预报目前达到甚至超过 7 天；制作更精细的数值预报也已成为可能，数值模式的应用领域也从中短期天气预报拓展到短期气候预测、气候系统模拟、短时预报以及临近预报，从大气科学到环境科学、甚至地球科学。

　　由于数值天气预报的模式方程组是非线性偏微分方程组，目前还没有普遍的解析求解方法。因此必须将模式方程组离散化，然后用相应的数值方法进行求解。离散化的方法大体可分为三种类型：①用差商代替微商，把偏微分方程变成差分方程，然后用代数方法求解，称为差分法；②用某种基函数（如球谐函数）将场变量展开为有限项的线性组合，再利用基函数的特性，将偏微分方程化为以展开系数及其对时间微商的常微分方程组，然后再用差商代替微商求数值解，称为谱方法；③把偏微分方程问题变为泛函极小问题求解，如里兹法和有限元法。目前这三种方法中，应用最广泛且最简便的是差分法，而随着计算机和计算方法的发展，谱方法也越来越显示出它的优越性，在全球范围的中期模式和大气环流模式中被广泛使用。

以上不论哪一种方法都须将连续的大气运动离散化，即将模式内大气的三维空间分割成为排列整齐的网格点阵，而各网格点上气象变量的数值则代表了当时大气的状况。20世纪 80 年代，香港地区数值天气预报所使用的网格，受限于当时计算机的运算速度和存储容量，当时只能够把有限区域的大气层切割成 100km×100km 的方格进行计算，且每天只可以运算一次。

由于网格比较稀疏，数值预报模式分辨率也相应较低。此外，模式中的大尺度（即格点尺度）凝结过程的处理比较简单，通常是饱和溢出方法，人们将更多的注意力放在对积云对流参数化方案的发展和改进上。由于在此过程中未考虑云的生成过程，使得模式大气中缺少了水物质（云水、雨水、冰、雪等）的拖曳作用，当模式分辨率逐渐提高时垂直速度会出现虚假增长，从而导致模式降水量的虚假增加。为解决以上问题，美国中期数值预报业务模式（MRF）在将 T126L28 升级为 T170L42 时，对模式物理过程作了改进，用预报云（凝结物）方案替代了原来的饱和溢出方案。该方案将次网格尺度（对流参数化过程）云中卷出的凝结物作为大尺度预报云凝结物的一个额外源项予以考虑，使数值模式整体更合理，也为模式分辨率的提高奠定了基础。预报模式的改进，结合超级计算机运算能力的突飞猛进，数值天气预报的水平分辨率不断提高。

到 2001 年，水平分辨率达到 20km×20km，每 3h 更新一次预测，时效性也大大提升。模式分辨率提升到 20km 无疑是一大改进，但对于空间分布极不均匀的雨量变化而言，其精确度仍不足。随着电脑的运算能力增加至每秒 1 万亿次浮点运算以上，结合数值预报模式的创新，一套分辨率为 2km×2km 的数值天气预报模式变得可行。

提高模式的分辨率对于减少预报误差、改进预报质量有重要作用。但是在整个计算区域内提高模式的分辨率会使计算量迅速增加，降低预报的时效性，解决这一矛盾的一种有效途径是采用嵌套网格。所谓嵌套网格是指对整个计算区域采用粗网格，而对其中的重点预报区域或主要天气系统所在区域采用细网格，粗细网格相互嵌套，并由粗网格模式为细网格模式提供时变边界条件。嵌套网格中的细网格可以是固定的，也可以是随系统移动的，以保证主要天气系统（如台风、气旋、暴雨区等）始终位于细网格中心区域，因而又称为移动套网格。此外还有所谓的多重嵌套网格，即在细网格区域中再嵌套一个更细网格的预报区域。例如，我国国家气象中心的数值天气预报系统就采用了多重嵌套网格技术，粗网格模式为 T106L19 的全球中期数值预报谱模式，在亚洲范围内嵌套水平格距为 1° 的有限区域模式（HLAFS），其中再嵌套水平格距为 0.5° 的高分辨率的暴雨模式或台风模式。采用嵌套网格的优点是：既可由粗网格模式为细网格模式提供更为真实的时变边界条件，有效地提高重点预报区域和主要天气系统的预报准确率，又可将计算量控制在一定范围内。因此，近年来这种预报方法得到了广泛重视和迅速发展。

天气系统按照其空间尺度大致可分为四类：行星尺度天气系统、天气尺度天气系统、中间尺度天气系统、中小尺度天气系统。按照美国的术语定义，将水平尺度由 2～2000km 的系统统称为中小尺度天气系统，其中又分三类：200～2000km 的称中小尺度 α 天气系统，包括台风、锋面等；20～200km 的称中小尺度 β 天气系统，包括龙卷、飑线等；2～20km 的称中小尺度 γ 天气系统，包括雷暴单体等。对于风电功率预报系统，重点关注的是中小尺度天气系统的数值天气预报。

用数值天气预报模式对中小尺度天气系统进行预报或诊断分析研究，现已是世界各国气象工作者的常用做法。由于计算机的普及，目前一般台站都有高档的微机或工作站。因此我国相当多的台站已开展了数值天气预报业务或准业务的实验。从目前的情况来看，使用最多的是从美国引进的 MM4/MM5 模式和 WRF 模式，下边将简要介绍这两类模式基本的程序结构。

2.2.1 中小尺度的 MM5 模式

MM5 模式是基于 MM4 模式改进并发展的一类中小尺度模式。MM4 是由 PSU 和 NCAR 联合研制的一个适用于有限区域的中尺度数值天气预报模式，它是 The Fourth - Generation Mesoscale Model 的缩写，由于采用了静力平衡关系，因此水平格距不能太小。该模式包括了地形资料的整理、地面资料整理、探空资料整理、客观分析、初始化、形式预报和后处理等模块，是一个比较完整的数值天气预报系统。此外，它的网格中心位置、水平格距、水平格点数、垂直分层、客观分析方案及边界条件等方案都可灵活选择，使用起来比较方便。例如，若该模式选取 25×31 格点，垂直取 10 层，利用当前主流微机系统，采用 FORTRAN 语言编译，做 24h 预报的计算时间仅需数分钟，有很好的时效性，且它对降水预报有较好的参考价值，受到普遍的欢迎。图 2 - 2 为 MM4 模式系统流程图。

在 MM4 的基础上，PSU/NCAR 改进并发展出了 MM5 模式。此模式使用追随地势坐标，容许多重的巢状网格（Nested Domains）仿真，并具有四维数据融入（Four Dimensional Data Assimilations，FDDA）的功能，运用在不同尺度间的交互作用可以得到较好的解析。对于复杂的中尺度系统而言，MM5 的仿真可弥补观测数据上时、空分辨率的不足，区域预报能力较好。

MM5 模式结构可分为前处理模块（TERRAIN、REGRID、INTERPF、LITTLE - R）、主模块、后处理及绘图显示模块等辅助模块（包括 RIP、GRAPH、GrADS、Vis5D）。在每一部分中又有相应具体的内容，前处理中包括资料预处理、质量控制、客观分析及初始化，它为 MM5 模式运行准备输入资料；主模块部分是模式所研究气象过程的主控程序；后处理及绘图显示模块则对模式运行后的输出结果进行分析处理，包括诊断和图形输出、解释和检验等。各模块具体功能如下：

（1）TERRAIN：选取模拟区域，生成水平网格，将地形和土地利用资料插值到格点上。MM5 支持三种地形投影方式：Lambert 正形投影、极地平面投影和赤道平面 Mercator 投影，这三种投影方式分别适用于中纬度、高纬度和低纬度的模拟。TERRAIN 的输入参数包括模拟区域的中心经、纬度，水平格距和网格数等。

（2）REGRID：读取气压层上的气象分析资料，将大尺度经、纬度格点的气象、海温和雪盖资料从原有的格点和地图投影上插值到由 TERRAIN 定义的格点和地图投影上。REGRID 处理等压面和地面分析资料，并在这些层上进行二维插值。输出结果可作为客观分析的第一猜值场，或作为分析场被直接插值到 MM5 的模式层上，为 MM5 提供初始条件和边界条件。作为输入的大尺度气象数据有两种来源：一种是大尺度气象模式的实时预报场；另一种是用历史观测资料同化得到的再分析气象数据。

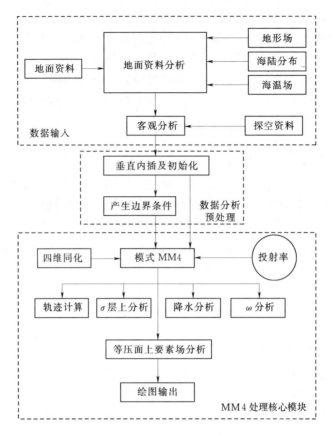

图 2-2 MM4 模式系统流程图

（3）INTERPF：由于前面的分析都是在标准气压面上进行的，而 MM5 采用的是 σ 坐标，因此需要 INTERPF 模块处理分析场和中尺度模式之间的数据转换。它包括垂直插值、诊断分析并重新指定数据的格式。MM5 的垂直格点在这一模块内进行定义，由输入参数提供。INTERPF 将分析好的标准气压面上的数据插值到定义好的 MM5 的垂直格点上作为初始场，同时生成侧边界条件以及下边界条件。

（4）LITTLE-R：其目的是用测站观测值来加强各气压层上格点化的第一猜值场气象数据。接受以气压或高度值给出的相关垂直位置上的任何观测数据，包括风向风速、温度、露点或是海平面气压。Litter_r 程序能对 regridder 格式中的任何子区域进行客观分析。

MM5 读入 INTERPF 生成的初始条件和边界条件，投入运行。

MM5 的水平网格与 MM4 一致，如图 2-3 所示。在水平面上是采用荒川-B（Araka-wa B）交错网格方式，此种网格设计将质量场与速度场交错分布，除可节省定差法在计算上的时间外，还可减少因计算所产生的误差；而垂直速度的计算则不论是水平面上或垂直方向上，均与水平速度场错开来计算。

垂直方向采用追随地势坐标，并可采用不一致的网隔间距，将非线性的变量场依适当的权重带入计算，如图 2-4 所示。

MM5 模式的一个重大进展是研制出了非流体静力学模式的选项，即模式使用者可以根据需求选取静力学或非静力学模式。如果采用非静力学模式，可以满足中小尺度 β（20～200km）和中小尺度 γ（2～20km）强对流天气系统演变的模拟需要，这对深入细致地研究中小尺度系统，可以说是一个非常得力的工具。MM5 中降水物理模式也有许多方式可供使用者选择，包括简单的云水过程（不包含冰相变化）到复杂的冰晶转换模式，均以显性方式计算，模式允许用户依不同的目的而加以指定降水物理计算方法。这对于研究或预报尺度

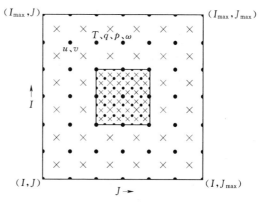

图 2-3　MM5 模式水平网格方案

注：1. 网格区大小为（I_{max}，J_{max}）。2. 圆点和叉点交错分布。

　3. 圆点表示风速矢量，u、v 为风速的横向或纵向矢量。

　4. 叉点表示其他需要预报的标量，如 T 为温度，

　p 为气压，q 为水分比例，ω 为垂直速度。

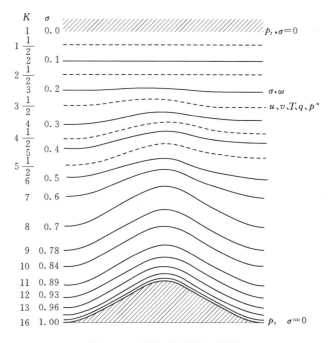

图 2-4　MM5 模式的垂直结构

较小的强降水过程无疑是非常有益的。在积云参数化方法上，MM5 也提供了以下模式，其中包括有 Anthes and Kuo、Grell 及直接计算的积云参数化法等。Anthes and Kuo 的方法应用在网格分辨率较低、范围较大的模拟网格上，此法以大尺度水汽的辐合辐散量作为积云计算的标准，因此对于尺度较大的对流系统而言，此法可表现出水汽的集中与对流的发展，但对于尺度较小、影响原因复杂的对流系统而言，其趋近的准确性便降低许多。Grell 的积云参数化法利用简单的单一云胞（Single-Cloud）作为参数化的基础，在此云胞

中只允许上升气流、下降气流与补偿运动存在，并由这些运动来决定大气加热与增湿的垂直剖面。云胞与周围的大气并无直接的混合，云顶与云底的上升与下降运动才有与环境大气相互混合的现象。而当网格间距小于对流系统的尺度时，积云发展的过程可被直接解析出来，因此可采用直接计算水汽的方式来仿真，并可节省模式计算的时间。

在下边界边界层的模拟上，MM5 亦提供数种参数化法供使用者选择，包括较简易适用的、垂直网格分辨率较低的单层参数法，高分辨率的 Blackadar 行星边界层法，以及利用乱流动能来计算的 Burk - Thompson PBL 方法等模式。其中 Blackadar 的行星边界层模式被用来预报水平风场的垂直混合、温度、水汽（混合比）、云水及冰的变化是非常有效的方式。Blackadar 方法将边界层情况分为两类：夜间（Nocturnal Regime）与自由对流（Free Convection），并将对流发生的可能性分为稳定对流、乱流机械式运送、不稳定强迫对流和不稳定自由对流。其中夜间边界层发生对流的可能性只包含稳定、乱流机械运送及强迫对流。MM5 模式中所选用的大气辐射参数方法亦包含多种选项，有简易的大气辐射冷却过程的模拟，也有复杂的多层频率长短波辐射平衡的计算。此外，在行星边界层物理过程参数化、大气辐射参数化等方面，MM5 模式也均有进展和改善。

MM5 是当前较先进的中小尺度数值预报模式，一经发布就以其优良的性能赢得世界各国相关学科业务和科研部门科学家的关注，被广泛应用于各种中尺度现象的研究中。目前 MM5 注册用户遍及全球数十个国家，我国是 MM5 的主要使用国家之一，在气象、环境、生态、水文等多个学科领域都得到广泛使用。

2.2.2　WRF 模式

WRF（Weather Research and Forecasting）模式是由美国国家大气研究中心、美国环境预报中心及多个大学、研究所和业务部门联合研究发展的新一代中尺度数值模式和数据同化系统，是一个统一的"公用体模式"。WRF 模式设计先进，采用 Fortran90 语言编写，其特点是灵活、易维护、可扩展、有效以及适用计算平台广泛。其主要的优点是具有先进的数据同化技术、功能强大的嵌套能力和先进的物理过程，特别是在对流和中尺度降水处理能力方面优点更突出。WRF 模式适用范围很广，从中小尺度到全球尺度的数值预报和模拟都有广泛应用。既可用于数值天气预报，也可用于大气数值模拟研究领域，包括数据同化的研究、物理过程参数化研究、区域气候模拟、空气质量模拟、海气耦合以及理想试验模拟等。

为更好地应用和发展中尺度预报模式，并将最新研究成果迅速应用于业务数值预报领域，WRF 模式系统包含 WRF-ARW 和 WRF-NMM 两种动力框架，分别由美国 NCAR 和 NCEP 主导发展和维护。ARW 和 NMM 均包含于 WRF 基础软件框架中，它们之间除了动力求解方法不同外，均共享相同的 WRF 模式系统框架和物理过程模块。作为 WRF 模式系统两个独立的模式，ARW 和 NMM 都可以进行实时数值天气预报和预报系统研究、大气物理机器参数化研究、天气个例研究和动力框架与数值天气预报教学等。除此以外，ARW 还可以用来进行区域气候和季节尺度上的模拟研究、化学过程的耦合应用研究、全球大气数值模拟、多尺度理想试验以及数据同化研究等。

WRF 模式系统的主要组成如图 2 - 5 所示，包括前处理系统、基础软件框架和后处理过程三大部分。

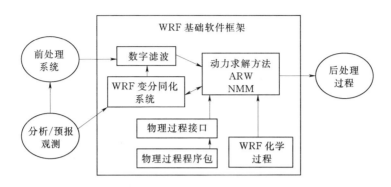

图 2-5　WRF 模式系统流程图

2.2.2.1　前处理系统（WPS)

WPS 主要是为模式做前期的数据准备。其具体过程包括：①定义模拟区域和嵌套区域；②计算格点经纬度、地图投影放大系数和科氏参数；③将陆地数据（如地形、植被和土壤类型）插值到模拟区域；④将随时间变化的气象数据插值到模拟区域。WPS 主要特点在于：可处理来自世界各个气象中心的气象资料，允许 4 种地图投影类型（极射赤面投影、兰伯特投影、墨卡托投影和经纬度投影），具有设置模式区域嵌套和友好的用户数据输入界面。

2.2.2.2　基础软件框架

基础软件框架是 WRF 模式系统的主体部分，具有高度的模块化、易维护、适用于多计算平台、支持多个动力求解算法和物理过程模块等特点，包含了动力求解方法模块（ARW 和 NMM）、物理过程、初始化模块、变分同化模块和 WRF 化学过程模块。各主要模块的功能如下：

动力求解方法模块：该模块是 WRF 模式系统的核心部分，主要对控制大气运动方程组进行地图投影和空间离散，应用时间积分方案以及为保证模式稳定而采取耗散处理等。WRF 模式动力框架的主要特点包括：完全可压缩非静力平衡方程（带有静力平衡选项），包含完整的科氏力和曲率项，包括 4 种类型地图投影（即极射赤面投影、兰伯特投影、墨卡托投影、经纬度投影），适用于区域和全球空间尺度，具有单向、双向和移动嵌套能力，垂直方向采用质量地形跟随坐标且垂直格距随高度可变，水平离散采用 Arakawa-C 网格，时间积分为三阶龙格－库塔（Runge-Kutta）时间分离积分方案等。其中，声波和重力波模态采用较短时间步长，在水平方向上为显式时间积分方案，而在垂直方向则为隐式时间积分方案。在水平和垂直方向上，采用二阶至六阶平流方案进行空间离散，极大地保证了离散精度。另外，还有多种侧边界条件可供选择，如理想情况下的周期边界条件、对称边界条件和开放辐射边界条件，真实情况下的有松弛区域的制定边界条件。

此外，动力求解方法模块中包含了完整的物理过程选项。而物理过程模块本身是模式的重要组成部分，计算模式所需要的动力、热力和水汽的参数值，对模式的动力和热力过程有强迫和驱动作用。模块主要包含的物理过程有：微物理、积云对流、行星边界层、陆面过程模式和辐射等，每种物理过程都有丰富的参数化方案可供选择。

变分同化系统：数据同化是将不同来源的气象观测要素与数值预报产品相结合，产生更准确的大气或海洋要素的数据资料，为数值模式提供更准确的初始场。WRF 变分同化系统使用了增量同化技术，它使用共轭梯度方法进行绩效化运算。WRF 同化分析是在 Arakawa-A 网格中进行的，然后将分析增量插值到 Arakawa-C 网格，并且与背景场（初猜场）相加得到 WRF 模式的最终分析场。背景场（初猜场）误差的水平分量可以通过递归滤波（有限区域模式）或功率谱（全球模式）来表示，而垂直分量则可以通过投影到气候平均的特征向量及其相应的特征值来表示。WRF 变分同化系统可以同化各种常规和非常规资料，其中常规观测数据可采用 ASCⅡ码或者 PRERBUFR 格式，雷达数据（反射率和径向速度）采用 ASCⅡ码格式。WRF 同化系统还有一个"gen_be"模块，它利用 NMC 方法或者集合扰动方法来构造背景误差协方差矩阵。在同化完成之后，该系统还进一步根据同化结果更新边界条件。

为了提高风电功率预测的准确性，很多厂商自建了相关数值天气预报系统，这些系统适配风电场预测的相应尺度，预测结果也比气象局提供的预测结果更加精确。随着计算机计算能力的日益强大以及数值天气预报模式的发展，将来的预测结果将更加准确，可预测时间也将延长，为功能更强大的风电功率预测系统奠定基础。

2.3　风电场的局地建模方法

数值天气预报的结果，如风速和风向等，并不能作为风电功率预测系统的直接输入参数。数值天气预报数据只能代表大气对应均匀下垫面的各计算网格的空间平均值，而实际风电场地表具有明显的非均匀特征。比如，复杂的地形，即使是地势平坦的区域，也可能会因为地表的材质与植被造成粗糙度的差异，从而使各风电机组位置的风速、风向存在较大差异。此外，风电机组从风中获取能量的同时会在下风向形成一个尾流区，尾流区沿着风向向下游发展，如果有风电机组位于尾流区内，其输出功率将会显著降低；因此，上风向风电机组的尾流效应也是风电功率预测中必须考虑的重要因素。因而，要得到风电场所在区域的数值天气预报数据，首先要根据当地地形和地表粗糙度进行建模，然后考虑尾流因素，最终得到风电机组所在位置的轮毂高度的风速、风向数据。以上就是风电场的局地建模过程。

2.3.1　粗糙度估算

粗糙度是局地建模要考虑的一个因素。地面的粗糙度将会对风产生拖曳作用，从而改变风速和风向。理论上，地表粗糙度是平均风速随高度减小到零时的高度。粗糙度对风速、风向的影响早已受到学者的关注，Panofsky 和 Dutton 认为粗糙度表征了由地表粗糙元所引起的湍涡的大小：粗糙度越大，表示更大的地表粗糙元以及更大的湍涡混合。David 则利用两个 50m 塔探讨了美国安大略湖湖岸地区的地表粗糙度情况，并指出由粗糙度估算的误差可以引起 5%～10% 的风能资源估算误差。

地表粗糙度估算的方法主要有：用最小二乘法拟合对数风廓线法、与粗糙元高度的相关法、风速指数法、表面曳力系数法、风速标准差法、数值模式中用到的面积平均法、Davenport 土地类型划分法等。近些年，还出现了一系列利用雷达来估计大面积区域粗糙度的方法；还有学者利用单层三维超声风速仪来估算粗糙度。此外，还有学者利用计算流体力学（CFD）方法来研究复杂地形的局地风况。本书将介绍 2 种粗糙度估算方法：拟合对数风廓线法和 Davenport 土地类型划分法，然后介绍影响粗糙度估算的一些实际因素。

2.3.1.1 拟合对数风廓线法

在众多计算空气动力学粗糙度的方法中，尤其是在许多实际应用的计算中，最常用的是对数廓线方程的最小二乘逼近实测风速廓线法，简称为对数廓线法。测得 3 个或 3 个以上高度的风速时，用最小二乘回归所测得的风速资料为

$$U_z = a + b\ln z \tag{2-1}$$

式中 U_z——高度 z 处的风速；

a、b——回归系数。

在式（2-1）中，令 $U_z = 0$ 可求出

$$z_0 = \exp(-a/b)$$

z_0 即为粗糙度估计值。此种方法只能在中性大气层结条件下，风速服从对数分布时才适用，而且对所测的风速廓线质量要求很高。

2.3.1.2 Davenport 土地类型划分法

Davenport 土地类型划分法自 1953 年开始就被人们用来评估各种类型的土地的粗糙度。其中最著名的 1960 年的 Davenport 土地类型划分法，后来经过 Wieringa 对海面，Grimmond、Oke 对城市区域以及 Bottema 等对森林的粗糙度进行完善或修正，这一系列的研究最终得到 Davenport 土地类型粗糙度分类表，见表 2-1。

表 2-1　Davenport 土地类型粗糙度分类表

序号	分类	粗糙度	土 地 类 型 描 述
1	海洋	0.0002	开阔的海面或湖面（与波浪的大小无关），潮滩，平坦的雪地，平坦的沙漠，来流方向为几千米长的柏油马路
2	光滑	0.005	没有明显障碍物和可以忽略植被的平坦地形，如沙滩、没有隆起的浮冰、湿地和有雪覆盖或休耕开阔的乡村
3	开阔	0.03	地植高度低（如草原）和有零星障碍物，并且障碍物间距大于 50 倍障碍物高度的地区，如没有防护林的牧地，旷野，苔原，机场的高速公路地区，有隆起的冰面
4	略带粗糙的开阔	0.10	有较低植被和庄稼的农田或自然地貌；有些许间距大于 20 倍高度的障碍物的较为开阔的地区，如高度低的树篱，分散开的建筑或树
5	粗糙	0.25	有较高植被和庄稼的农田或自然地貌，或植物高度高矮不平；分布着相对距离为 12～15 倍高度的防护林或 8～12 倍高度的较低建筑，分析时可能需要考虑零平面位移高度
6	非常粗糙	0.5	有间隔 8 倍左右高度的大型障碍物组的稠密植被地区，如农舍、小丛树林；低密度种植的区域，如灌丛、果园、初生的森林；覆盖着较低建筑物，建筑物间隔在 3～7 倍建筑物高度

续表

序号	分　类	粗糙度	土 地 类 型 描 述
7	成熟的森林	1.0	有几何尺寸相当的建筑物规则地覆盖，并且建筑物之间间隔和高度相当的区域，如成熟的森林；分析建筑高度相同的稠密的居民区时需要考虑零平面位移高度
8	混乱	≥2.0	城市中心有高的和低的建筑；分析高低起伏的带有裸露地的森林时建议采用风洞方法

2.3.1.3　粗糙度估算的影响因素

在粗糙度的研究中，经常假设数据是中性层结、平坦地形、平稳来流的条件测得的，但实际很难满足这些条件，因此要分析影响粗糙度估算的因素，具体如下：

（1）不规则的廓线。在中性层结条件下，在半对数图中风速和高度是线性关系；在稳定和不稳定情况则不是简单的线性关系。理论上只有中性层结的廓线才是计算需要的，但在实际风能研究中往往很难确定大气的稳定度，通常需要两层不同高度的温度资料，而一般只有风速的资料和单层的温度资料。Patil 发现在风速小于 2m/s 时，粗糙度的计算值波动特别大，而在风速大于 2m/s 时，粗糙度的值波动则很小。

（2）不平坦的地形。当风流过山顶时，在山的迎风面和背风面存在着压强差，从而增加摩擦损失，增大有效粗糙度长度。

（3）上流地表粗糙度的影响。实际观测所得的风速廓线资料既包括了本地地表的粗糙元信息，又包括了上流方向的地表粗糙元信息。这要求在估算粗糙度时要考虑上流一定距离的地表特征，通常这个距离是测风塔最高层高度的 100～200 倍。本文所采用风速廓线数据最高为 70m，考虑范围为东南西北方向各 14km。

（4）地表粗糙元的变化。一般认为粗糙度长度与风速无关，但在某些情况下粗糙度长度与风速也是有关的。当强风时风会吹弯长草；风速强度的不同、海面的波浪高度不同，将影响粗糙度长度的估算结果。Grimenes 等研究了不同季节植被生长对粗糙度的影响。

（5）零平面位移的影响。如果不考虑零平面位移，估算某些特别复杂的下垫面粗糙度时，会产生系统性的偏差。对比较平坦的地形，零平面位移高度 d 相对于风机轮毂高度是一个小量，对风能资源的评估精度影响不大。在风力发电产业领域，国内外还没有形成广泛接受的估算 d 的方法，往往忽略掉 d，或者使用最简单的方法来确定 d 的值。例如采用典型的结论，取 d 为粗糙元高度的 60%～80%。

除以上因素以外，测量数据的质量、卡曼常数的取值以及空气湿度等都与粗糙度长度的估算有关。

2.3.2　尾流模型

上风向风电机组吸收风能用于发电，从而导致经过下风向风机的自然风所含风能减小，因而经过上风向风电机组的风速大于下风向风电机组处的风速，且两者距离越近，影响越大。为充分利用风电场的风能资源，发挥规模效益，大型风电场通常由几十台甚至数百台风电机组组成，受场地和其他条件的限制，风电机组间距离不会很大。因此，在计算风电场功率输出时必须考虑风电机组间尾流效应的影响，才能保证结果的准确性。图 2-6 为尾流效应示意图，其中 U 表示来流风速，V 表示经过风轮后的风速，产生了 $\Delta U = U - V$ 的风速衰减。

尾流模型是描述风电机组尾流结构的数学模型，用于计算风电机组尾流区域内的流速分布和风电场中处于尾流区域内的功率输出。目前有许多常用的尾流模型，例如：最简单的、使用最为广泛的基于动量损失理论的 Jensen 模型，欧洲风电机组标准 II 推荐的 Larsen 模型等。

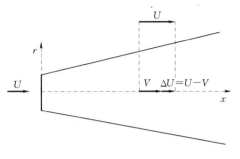

图 2-6 尾流效应示意图

2.3.2.1 Jensen 尾流模型

Jensen 尾流模型是丹麦国家实验室于 1983 年提出的一种尾流模型，适用于安装在平坦地形上的风电机组。该模型是最简单、使用最为广泛的尾流模型，基于动量损失理论，通过定义尾流衰减常数 k 来表示尾流影响区域的线性扩张，实现了对尾流效应的解析求解。尾流衰减常数随着环境湍流水平的增加而增加，其典型值是 0.04 和 0.07。

Jesnsen 尾流模型造成的风速衰减 ΔU 的表达式为

$$\Delta U = \frac{1-\sqrt{1-C_r}}{\left(1+\dfrac{2kx}{D}\right)^2}$$

其中

$$k = \frac{A}{\ln(h/z_0)}$$

式中　C_r——风电机组的推力系数；

　　　h——风电机组的轮毂高度，m；

　　　z_0——粗糙长度，m；

　　　A——常数，一般取 0.5。

受模型的限制，Jensen 尾流模型不能分析尾流对下风向湍流水平的影响。

2.3.2.2 Larsen 尾流模型

Larsen 尾流模型是基于普朗特湍流边界层方程的渐进表达式，是一种解析模型。假定下风向不同位置的风速衰减具有相似性，并且风速只会发生中等程度的衰减，那么下风向 $L=x$ 处的尾流影响区域半径 R_w 为

$$R_w = \left[\frac{35}{2\pi}\right]^{\frac{1}{5}} \left[3C_1^2\right]^{\frac{1}{5}} \left[C_T A x\right]^{\frac{1}{3}}$$

式中　C_1——无量纲混合长；

　　　A——风轮扫风面积；

　　　C_T——风电机组的推力系数。

Larsen 尾流模型的最终风速衰减 ΔU 的表达式为

$$\Delta U = -\frac{U_{WT}}{9}(C_T A x^{-2})^{\frac{1}{3}} \left[R_w^{\frac{3}{2}}(3C_1^2 C_T A x)^{-\frac{1}{2}} - \left(\frac{35}{2\pi}\right)^{\frac{3}{10}}(3C_1^2)^{\frac{1}{5}}\right]^2$$

式中　U_{WT}——风电机组轮毂高度处的平均风速。

运行于尾流中的风电机组要比运行于自然风中的风电机组承受更高的湍流负荷，故成群的风电机组应在选择风电机组之前准确地计算湍流。Larsen 尾流模型可以分析尾流对下风向湍流水平的影响，是适用于风电功率预测的尾流模型。

2.3.3　基于地形的风电场建模

有了地表粗糙度和尾流的建模，就可以结合风电场地形，对风电场所在地的数值天气预报进行降维操作，将 NWP 网格的风场参数转化为风电场风电机组位置轮毂高度处的风速和风向，进行风电功率预测。

传统的建模方式是以现场测量数据为基础，利用统计方法进行分析，这种方式得到的结果很精确，但这种方法的基础是长期具有代表性的现场观测数据，需要耗费大量的人力、物力和时间。随着计算机仿真技术的不断发展，计算机数值模拟逐步得到重视。

数值模拟方法近年来得到了迅速发展，国外基于模拟方法也开发了许多较为成熟的风能资源评估系统。丹麦 Risoe 国家实验室开发了 WAsP 软件（Wind Atlas Analysis and Application Program），它是目前国内外多数风电工程设计所使用的软件。该商业软件作为目前最成熟的风能资源评估技术在全世界范围得到了广泛的认可，超过 100 个国家的用户使用 WAsP 进行风能资源评估、风电机组定位、风电场设计等风电开发相关工作。WAsP 软件的功能主要包括：

（1）输入测风站点连续系列的风速风向原始数据、气象站的地形地貌、障碍物，从而绘制区域风图谱。

（2）根据区域风图谱、风电场的地形地貌、风机的定位以及风机的动力曲线，估算整个风电场的年净发电量。WAsP 软件采用的是一个标准的线性模型，对于地形简单、起伏变化较小的研究区域，WAsP 可以获得精确的符合实际风况的计算结果；但在复杂山地风电场中，由于在计算分析获取区域风图谱中存在模型适用误差，基于得到的区域风谱图再进行站点的风况模拟、发电量预测和风电场区域风资源评估时会产生一定的不确定性。这是基于 WAsP 进行风场建模的一个重要问题。

大量的工程实践证明，基于线性模型的 WAsP 软件不适用于复杂地形风场。而采用计算流体力学（Computational Fluid Dynamics，CFD）的方法可以充分地模拟大气边界层中的湍流在复杂地形中产生的撞击和分离等流动现象，因此成为了复杂地形风电场风资源评估的发展方向。计算流体力学是在经典流体力学和数值计算方法的基础之上产生的，它具备理论性与实践性的双重特点。随着计算机应用技术的发展，CFD 方法现今已经成为解决各种流体流动与传热问题的强有力工具。CFD 模型已经成功应用于换热器内流动、飞行器的绕流等多种流体工程中，在对时效性要求不高的风资源评估中也得到了初步的应用。

使用 CFD 方法对风电场地形建模的步骤如下：

（1）根据给定风电场及其周围区域的地形高程和粗糙度数据建立风电场地形模型，根据风电场范围和实际地形特征等因素选定计算区域并确定模型的网格划分方案，建立风电场实地模型。在实际计算中，要根据风电场的周边条件以及计算机的内存来确定计算区域的大小及计算网格的数量。在水平方向上，采用局部网格加密方案，所选取的计算区域应以风电场为中心，计算网格加密区域至少应沿着风电场边界向外扩展 3～5 倍风轮直径，加密区域距离计算域边界至少要预留 3～5km。在垂直方向上，近地面处网格较为稠密，距离地面越高处网格越稀疏，地面以上 100m 高度的范围内，要包含 7～10 层网格，且第一层网格的高度不能过低，对于复杂地形而言，模型总高度应为地形相对高差的 5 倍左右。在计算流体力学中，计算网格的生成过程其实质就是计算域的离散过程。网格是 CFD 模型的几何表达式，也是对实际问题进行模拟与分析的载体，生成网格的质量对 CFD 方法的计算精度和计算效率有着重要的影响。目前，计算网格主要分为结构网格和非结构网格两大类。结构网格在空间上比较规范，其网格节点之间的邻接是有序而规则的，除了边界节点以外，内部的网格节点都有相同的邻接网格数；而非结构网格节点之间的邻接是无序的、不规则的，每个网格节点都可以有不同的邻接网格数。单元是构成网格的最基本元素。在结构网格中，常用的二维网格单元是四边形单元，常用的三维网格单元是六面体单元；在非结构网格中，常用的二维网格单元有三角形单元和四边形单元，常用的三维网格单元有四面体、五面体和六面体单元等。在本文中，对已建立的流场计算区域划分空间网格，所采用的网格以六面体结构网格为主。

（2）以速度和风向表征风电场的来流风况条件，对风电场内可能出现的风况范围进行离散，选定湍流模型等流场计算方案后，分别以各离散风况为边界条件对不同风况下的风电场流场进行数值模拟。利用 CFD 方法进行的流场计算是针对有限区域的，也即针对风电场及其周边区域，因此需要在有限区域的边界上给定边界条件。然而，边界条件的给定并不是任意的，它需要满足数学上、物理上的合理性，并且要尽可能地减少对区域内点数值解的精确度和稳定性的影响。边界条件是指在求解区域的边界上所有求解变量或其导数随时间和地点的变化规律。边界条件是使 CFD 问题有定解的必要条件，对于任何一个 CFD 问题，都需要给定边界条件。边界条件有许多不同的分类方法，但从边界的物理性质来看，在 CFD 模拟的过程中，基本的边界条件主要有四部分，分别是：①流动进口边界条件；②流动出口边界条件；③壁面边界条件；④给定压力边界条件。给定边界条件后，就可据此求解 Navier - Stokes 方程，对风电场流场进行数值模拟，进而获得不同来流条件的风电场稳态空间流场分布。实际的气流是湍流，需针对湍流采用不同的模拟方法，常用的模拟方法有雷诺平均法和大涡模拟法两种。其中雷诺平均法采用标准 k-ε 模型将小尺度脉动等效为黏性；大涡模拟法则采用 Smagorinsky 亚格子模型，通过求解非稳态的 N-S 方程后进行时间平均来得到平均流场。雷诺平均法计算量较少，其精度也较为一般；大涡模拟法耗时较长，其结果也相对来说更接近真实情况，适用于要求较高的情况。用户可以根据实际需求和硬件条件来选择。

（3）从获得的不同来流条件下的稳态流场分布中提取出风速预测所需的全部流场特性数据，考虑风电机组之间的尾流影响后计算出不同风电机组处的风速衰减，最终建立不同风电场来流风况条件下的测风塔及各台风电机组轮毂高度的风速、风向数据库。

2.4 风电功率映射算法

通过风电场局地建模，将数值天气预报数据进行降维处理，将 NWP 网格数据转化为风机轮毂高度的风速和风向数据，此时，可对应风电机组的功率曲线，得到最终的风电功率预测值。风电机组的功率曲线是描述风速与风电机组功率输出关系的曲线。功率曲线的横坐标是风速，纵坐标是功率。功率曲线是反映风电机组输出性能好坏的最主要的曲线之一。风电机组生产厂家一般会提供给用户两条功率曲线，一条是理论（设计）功率曲线，另一条是实测功率曲线，通常是由公正的第三方即风电测试机构测得的。功率曲线形状受很多因素的影响，例如不同的功率调节方式，功率曲线形状不同；不同的空气密度，功率曲线形状也不同。图 2－7 是某型号风电机组的理论功率曲线和实测功率曲线。

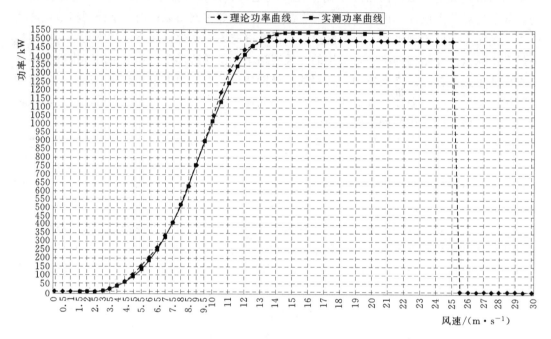

图 2－7　某风电机组功率曲线

从图 2－7 中可以看出，实测功率曲线和厂家提供的功率曲线基本一致，但并不完全重合，这就说明有必要建立风电机组和风电场的实际运行功率曲线，以期得到较为准确的功率预测。

根据实测数据建立功率曲线的方法很多，这里介绍一种根据测风塔数据建立功率曲线的方法。这种功率曲线不同于图 2－7 所示曲线，增加了风向与功率的对应。这是因为，即使在测风塔同样大小的风速，如果风向不同，由于地面粗糙度、地形等的影响，到达某一风电机组处的风速是不同的。所以，建立功率曲线时应考虑风速、风向的影响。

此时的功率曲线为矩阵形式，其中以风速为行、风向为列，某个确定的风速风向对应着风电机组的发电功率。风速根据 IEC61400—12 的规定，每 0.5m/s 为一个区间，例如：0～0.5m/s，0.5～1m/s 等；风向则按 16 方位图划分，将以度数表示的风向划分为 16 个方位，即北东北（NNE）、东北（NE）、东东北（ENE）、东（E）、东东南（ESE）、东南（SE）、南东南（SSE）、南（S）、南西南（SSW）、西南（SW）、西西南（WSW）、西（W）、西西北（WNW）、西北（NW）、北西北（NNW）、北（N）。表 2－2 是某风电机组功率曲线的部分矩阵数据。

表 2-2 某风电机组功率曲线矩阵（部分）　　　　单位：kW

风速/(m·s⁻¹)	方 位			
	NNE	NE	ENE	E
3～3.5	612.06	1998.89	267.42	501.11
3.5～4	142.34	1210.56	1078.19	534.06
4～4.5	1268.71	1835.86	1512.75	
4.5～5	3801.59	1906.55	2403.46	2286.43

矩阵中的数据表示功率，是由风速区间和风向区间内所有功率值平均得到的。例如，该矩阵中的第一个功率值为 612.06kW，是由风速区间在 3～3.5m/s，风向区间在 NNE 的所有功率值平均得到的。在矩阵中，存在空缺值，遇到空缺的情况，当风速在额定风速以下时，就使用线性插值法进行补缺。例如，在 E 风向、4～4.5m/s 的风速区间内，功率值是空缺的，因此，可填充值为 (534.06+2286.43)/2=1410.25。表中数据根据实测得到，但由于影响功率曲线的因素较多，因此可每隔一段时间，比如一年，重测功率曲线，确保曲线的准确性，从而保证风电功率预测的精度。

2.5 小　　结

本章依据风电功率预测物理模型的逻辑过程，依次介绍了数值天气预报的原理和常用模式，风电场局地建模中的粗糙度模型、尾流模型和依据地形建模的方法，以及实测风电机组功率曲线的建立方法，较为全面地展现了物理模型这一风电功率预测解决方案的全貌。该模型由于流程复杂，技术难度较大，因此在国内迄今仍未得到广泛应用；但如果能够解决其中的关键问题，特别是提高风电场局地建模的精度，物理模型的潜力很大，值得进一步深入研究。

第3章 风电功率预测的统计模型

3.1 基 本 思 想

物理模型拥有一套严密的逻辑体系，但建模流程复杂，且模型的中间环节，如地面粗糙度建模、风场尾流模型和风场地形建模等，构建难度较大，数学过程复杂，建模效果也难言理想，以上因素也制约了物理模型的广泛应用。与物理模型相对应，还有另一种风电场功率预测的建模思路——统计模型。统计模型有两种预测思路，两种思路的基础都是风电场历史数据，第一种为直接映射法，该方法的原理是：设某风电场发电功率的历史数据为

$$P=[p_1,p_2,p_3,\cdots,p_{n-1},p_n]$$

式中的 p_n 为该风电场在某时刻发电功率的采样值，一般而言，国内风电场每隔 15min 采样 1 次，因此上式也可被称为一个时间序列。直接映射法认为，时间序列中各个功率数据间不是没有关联的，而是统一服从某一个函数关系 $f(t)$，使用已知时间序列反推出该函数关系，则可利用此函数对未来发电功率值进行预报，这种思路其实也是传统负荷预报的延伸发展。另一种预报思路称为数值天气预报（以下简称 NWP）映射法，该方法认为风速、风向等参数是风电场发电功率的决定性因素，即

风速时间序列 $\qquad\qquad S=[s_1,s_2,s_3,\cdots,s_{n-1},s_n]$

风向时间序列 $\qquad\qquad D=[d_1,d_2,d_3,\cdots,d_{n-1},d_n]$

因此，只要找到历史数据中风速、风向与风电功率的函数关系

$$f\begin{bmatrix}s_i\\d_i\end{bmatrix}\Rightarrow p_i$$

即可根据未来 NWP 的风速与风向参数预测出将来的风电场功率值。

以上无论是直接映射法，还是 NWP 映射法，其核心都是通过数学方法找到可以精确描述历史数据的函数关系，此类数学方法种类流派极多，从早期的线性方法，如回归分析法、指数平滑法、时间序列法（ARMA）、卡尔曼滤波法和灰色预测法等，到如今在数据挖掘、信号处理领域大行其道的非线性方法，如神经网络、支持向量机、混沌方法等。线性方法实现简单，运算速度快，但相对比较粗糙，处理复杂问题，如波动性极大的风电功率预测问题，常常力不从心；相对而言，非线性方法能够较好地描述气象信息与风电功率间复杂的对应关系，因此也显著提高了风电功率预测的精度。因此本章将详细介绍神经网络、支持向量机和混沌方法在风电功率预测中的应用。在实际中，也经常将以上方法相互混合，以期得到更好的预测效果。

3.2 神 经 网 络 模 型

3.2.1 神经网络基本原理

人工神经网络（Artificial Neural Network）是通过模拟人脑神经元结构和工作原理，创造出来的非线性信息处理系统，是人类在仿生学方面取得的最富创见性的成果之一。现在通常认为，人的智能来源于大脑的复杂结构和强大功能。而人的大脑由约 1000 亿个神经元构成，这些神经元交互连接，产生了超过 1000 万亿的神经连接，从而构成了巨大而复杂的神经网络，实现了不可思议的人类智能。神经网络的基本组成单元即是神经元，每个神经元细胞可以简单地看做由三部分组成：树突、轴突、细胞体，如图 3-1 所示。

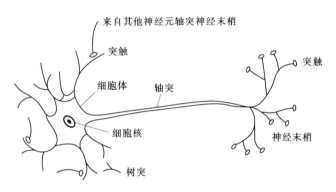

图 3-1 神经元细胞

对每个神经元细胞，树突可以有多个，它们是接受来自其他神经细胞的刺激的通道；细胞体只有一个，它接受刺激并进行相应的处理；轴突也只有一个，它负责输出刺激，通过神经连接传递给其他神经元。依据生物神经元的结构和工作流程，可将人工神经元模型简化，如图 3-2 所示。

X_1，X_2，…，X_n 为树突输入，W_{1j}，W_{2j}，…，W_{nj} 为树突连接强度，将树突输入求和后送入细胞核，细胞核对输入的处理等效为功能函数 f，处理后的信息 y_j 经由轴突输出，此外模型中的 θ_j 为阈值。综上，人工神经元模型的数学表达式可写为

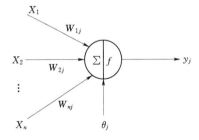

图 3-2 人工神经元模型

$$Y_j = f\left(\sum_{i=1}^{n} W_{ij} X_i - \theta_j \right)$$

人工神经网络是由人工神经元以不同结构相互连接而构成的网状结构。一个神经网络的设计需要考虑三个方面的内容，即神经元功能函数、神经元连接形式和神经网络的训练算法。

3.2.1.1 神经元功能函数

神经元功能函数又称为激活函数，它包含了从输入信号到净输入、再到激活值、最终

产生输出信号的过程。综合了净输入、f 函数的作用。f 函数形式多样，利用它们的不同特性可以构成功能各异的神经网络。常用功能函数如下：

（1）简单线性函数：$f(x)=x$。

（2）对称硬限幅函数：$f(x)=\mathrm{sgn}(x-\theta)=\begin{cases} 1 & x\geqslant\theta \\ -1 & x<\theta \end{cases}$。

（3）Sigmoid 函数：$f(x)=\dfrac{1-\mathrm{e}^{-x}}{1+\mathrm{e}^{-x}}$。

（4）单极性 S 函数：$f(x)=\dfrac{1}{1+\mathrm{e}^{-x}}$。

3.2.1.2　神经元连接形式

神经网络是一个复杂的互连系统，单元之间的互连模式将对网络的性质和功能产生重要影响。互连模式种类繁多，这里介绍两种典型的网络结构。

1. 前馈网络

网络可以分为若干"层"，各层按信号传输先后顺序依次排列，第 i 层的神经元只接受第 $(i-1)$ 层神经元给出的信号，各神经元之间没有反馈。前馈网络可用一有向无环路图表示，如图 3-3 所示。最下方的输入节点并无计算功能，只是为了表征输入矢量各元素值。其他各层节点是具有计算功能的神经元，称为计算单元。每个计算单元可以有任意个输入，但只有一个输出，它可送到多个节点作输入。输入节点也可被称为输入层，而其他计算单元的各节点层在输入层后从下至上依次称为第 1 至第 N 层，由此构成整个前馈网络。在图 3-3 中，最上方的一层计算单元输出计算结果，称为输出层；而除了输入层和输出层之外，其他层级称为隐含层，组成这些隐含层的神经元称为隐节点。BP 网络就是典型的前馈网络。

2. 反馈网络

典型的反馈神经网络如图 3-4 所示，每个节点都表示一个计算单元，同时接受外加输入和其他各节点的反馈输入，每个节点也都直接向外部输出。Hopfield 网络即属此种类型。在某些反馈网络中，各神经元除接受外加输入与其他各节点反馈输入之外，还包括

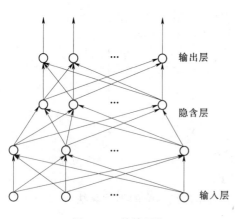

图 3-3　前馈网络

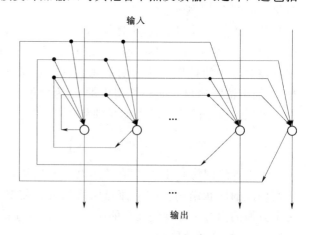

图 3-4　反馈网络

自身反馈。有时,反馈神经网络也可表示为一张完全的无向图,其中每一个连接都是双向的。这里,第 i 个神经元对于第 j 个神经元的反馈与第 $j \sim i$ 神经元反馈之突触权重相等,即 $W_{ij} = W_{ji}$。

以上介绍了两种最基本的人工神经网络结构,实际上人工神经网络还有多种网络结构,例如从输出层到输入层有反馈的前向网络,同层内或异层间有相互反馈的多层网络等。

3.2.1.3 神经网络的训练算法

神经网络的重要特征就是学习能力,学习过程的实质就是对网络权值的调整过程,学习到的知识就分布存储在网络的各个连接权值中。要实现网络权值的有效修正,需要设计网络的训练算法。图 3-5 为神经网络学习过程。

从流程框图可知,神经网络学习过程是一个不断改善、循环渐进的过程。其中,评价步骤和调整权值步骤最为关键。根据评价标准不同,神经网络的训练算法可分为有监督训练和无监督训练。而改变权值的方法统称为学习算法,当前应用较多的学习算法有:Hebb 学习规则、误差修正学习规则和胜者为王学习规则等。

随着神经网络研究的不断深入,网络的学习能力逐步增强,其应用范围也日益拓展,在信息处理、模式识别、智能监测等领域都取得了丰硕的成果。在各类神经网络中,BP神经网络应用最广,本章将简要介绍其工作原理,并应用于风电功率预测领域。

3.2.2 BP 神经网络

BP 神经网络 (Error Back Propagation Network) 是在 1986 年,由 Rumelhant 和 McClelland 提出的,是一种多层网络的"逆推"学习算法。其基本思想是,学习过程由信号的正向传播与误差的反向传播两个过程组成。正向传播时,输入样本从输入层传入,经隐层逐层处理后,传向输出层。若输出层的实际输出与期望输出(教师信号)不符,则转向误差的反向传播阶段。误差的反向传播是将输出误差以某种形式通过隐层向输入层逐层反传,并将误差分摊给各层的所有单元,从而获得各层单元的误差信号,此误差信号即作为修正各单元权值的依据。这种信号正向传播与误差反向传播的各层权值调整过程,周而复始地进行。权值不断调整的过程,也就是网络学习训练的过程。此过程一直进行到网络输出的误差减少到可以接受的范围,或进行到预先设定的学习次数为止。图 3-6 是一个 BP 神经网络的结构图,由图可知 BP 神经网络由输入层 (N_1)、隐层 (N_2) 和输出层 (N_3) 构成。

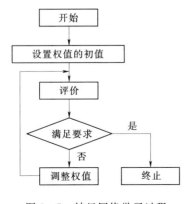

图 3-5 神经网络学习过程

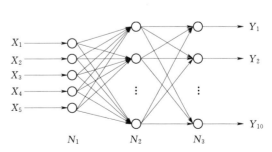

图 3-6 BP 神经网络结构

3.2.2.1　优点

BP 神经网络是目前应用最为广泛和成功的神经网络之一，这是由于它具有以下优点：

(1) 极强的非线性映射能力。BP 神经网络可以通过学习大量输入—输出的对应数据，较为准确地描述输入输出间的对应关系。在实际应用中，假设输入数据为 n 维，输出数据是 m 维，只要能够提供足够多的样本，BP 神经网络便可通过不断训练精确表达输入输出间的非线性映射。对于风电场风功率预测系统，在大量历史数据中找到影响发电功率的因素，如风速、风向、湿度、温度等，与同时刻的发电功率相对应，供 BP 神经网络进行训练，利用网络的结构和权值表达其复杂的映射关系，从而实现风电功率预测。

(2) 较好的泛化能力。泛化能力即模型的推广能力，训练好的 BP 神经网络不但对已知样本有较好的映射效果，对训练中没有使用的非样本数据也能得出令人满意的映射结果。

(3) 容错能力。BP 神经网络的训练过程来自于对大量样本整体知识的学习与提取，如果在样本中存在着个别错误，不会对整体的训练质量产生影响。

3.2.2.2　缺点

BP 神经网络也存在着以下一些不足：

(1) BP 神经网络在针对误差函数进行网络权值调整时，采用了最速梯度下降算法，即沿着误差（目标值和网络实际输出差值）梯度方向——变化最快的方向，调整网络中的权值，以期以最快的速度达到收敛（允许的误差范围）。梯度下降法需要设置参数——学习步长，学习步长的大小需要依据误差空间曲面的特点，如果曲面平缓，则需要设置较大的步长，以提高收敛速度；反之则需要设置较小的步长，否则网络将持续振荡，不能收敛。因此对于一个新的样本，设置一个固定步长，既可能误差下降缓慢，收敛速度很慢；又可能网络反复振荡，无法收敛。

(2) 存在多个极小点。从图 3-7 两维误差空间曲面可以看出，其上存在许多凸凹不平，其低凹部分就是误差函数的极小点。可以想象多维误差空间曲面，会更加复杂，存在更多个局部极小点，它们的特点都是误差梯度为 0。BP 算法权值调整依据是误差梯度下降，当梯度为 0 时，BP 算法无法辨别极小点性质，因此训练常陷入某个局部极小点，使训练难以收敛于给定误差。

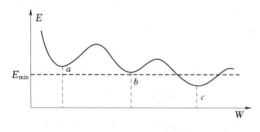

图 3-7　二维误差空间曲面的局部极小点

(3) 隐层节点的选取缺乏理论依据。BP 神经网络隐层的层数及节点数的选取尚无理论指导，需要网络设计者根据经验确定。因此常常难以得到最优的网络结构，增加了网络的训练时间，降低了信息处理的时效性。

为了抑制以上问题，可采取动态可调学习步长的方法。

3.2.3　实例分析

下面将介绍一个风电功率预测的建模实例，采用的数据由 2012 年全球能源预测竞赛

(Global Energy Forecasting Competition 2012) 提供，具体包括美国某风电场的归一化风电功率以及所对应的风速和风向数据。建模过程如下所述。

3.2.3.1 输入和输出层的设计

对于一个三层的 BP 神经网络，输入节点的数目要适量。过多会导致 BP 神经网络结构过于庞大，不可避免地引入更多的噪声信息；过少则不能保证网络所必需的信息量。影响风电场发电功率的因素有很多，如风速、风向、气压、湿度、气温等，但其中风速和风向是决定性因素，因此本算例使用这两个参数作为模型输入。其中风向指的是来风的方向，用 $0° \sim 360°$ 的角度表达，正北方向定义为 $0°$，为了区分所有的风向，需要取风向的正弦和余弦两个值作为输入。加上风速参数，输入端神经元为 6 个，输出端神经元为 1 个。

3.2.3.2 隐层数和节点数的选择

1989 年，Robert Hecht-Nielson 证明了任何闭区间内的一个连续函数都可以用一个隐层的 BP 网络来逼近。因为一个 3 层的 BP 网络可以完成任意的 n 维到 m 维的连续映射，故本模型采用单隐层。隐层单元数的选择往往靠经验确定。隐层节点数过少时，学习的容量有限，不足以存储训练样本中蕴涵的所有规律；隐层节点过多不仅会增加网络训练时间，而且会将样本中非规律性的内容如干扰和噪声存储进去，反而降低泛化能力。在此处采用经验公式：

$$m = \sqrt{n+l} + \alpha$$

式中 m——隐层节点数；

n——输入节点；

l——输出节点；

α——调节常数，在 $1 \sim 10$ 之间，此处取值为 $1 \sim 5$。

带入具体值，可知隐层神经元数量的取值范围为 $3 \sim 8$，以训练精度为依据逐一尝试，发现隐层神经元为 5 时精度最高。

3.2.3.3 其他参数的设置

(1) 训练样本数。一般来说，样本数据越多，学习和训练的结果越能正确反映输入值与输出值之间的关系，但是这样会加大分析数据的难度，同时使网络训练的误差加大。本实例选择一个月的 NWP 参数和对应风电功率数据作为训练样本，总量为 $30 \times 48 = 1440$ 组。以训练好的模型预测未来一天的发电功率，共 48 点，训练次数上限为 10000 次。

(2) 学习步长。学习步长选得足够小可使网络的总误差函数达到最小值。但是太小的学习步长会使得网络的学习速度非常慢；若学习步长较大，则权值更新幅度较大，有可能加快收敛速度。但学习步长过大有可能造成算法的不稳定。本实例初始步长选为 0.1，在实际运行时加以调整：若误差函数 $\Delta E < 0$，步长乘 2；若误差函数 $\Delta E > 0$，步长乘 0.5。

综上所述，所用神经网络为 $3 \times 5 \times 1$ 的 3 层网络结构，如图 3-8 所示。图中 W_{ij}^1 和 W_{ij}^2 分别表示输入层与隐层以及隐层与输出层之间的权值。

总结以上建模过程，本实例采用图 3-8 所示的 BP 神经网络结构，以 2009 年 11 月 1—30 日，时间分辨率为 30min 的风速、风向的正弦值、余弦值作为网络输入，同时段的风电场发电负荷作为网络输出，同时设置初值为 0.1 的可变学习步长，对网络进行训练。当网络训练成熟，使用 2009 年 12 月 1 日的 NWP 数据作为输入，预测同时段发电功率，如图 3 - 9 所示。

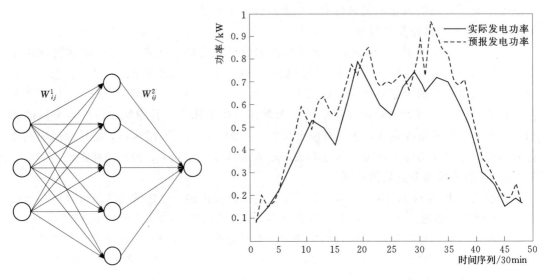

图 3 - 8　实例 BP 神经网络结构图　　　　　图 3 - 9　BP 神经网络预报效果图

由图 3 - 9 可知，预报数据与原数据吻合度较高，能够令人满意。

神经网络建模的最便利工具是基于 Matlab 的神经网络工具箱，使用神经网络工具箱建立神经网络模型的一般步骤是：

（1）数据的预处理。在进行神经网络训练前，一般须对数据进行归一化操作，将数据映射到［0，1］范围内，以保证数据训练的效果。

（2）借助神经网络工具箱函数建立神经网络，以 BP 神经网络为例，对应函数的调用格式如下：

$$\text{net}=\text{newff}(P,T,S,TF,BTF,BLF,PF,IPF,OPF,DDF)$$

式中　　P——输入数据矩阵；

　　　　T——输出数据矩阵；

　　　　S——隐含层节点数；

　　　TF——节点传递函数；

　　BTF——训练函数；

　　BLF——网络学习函数；

　　　PF——性能分析函数；

　　IPF——输入处理函数；

　　OPF——输出处理函数；

　　DDF——验证数据划分函数。

输入以上参数，特别重要的是前三个参数，即可建立 BP 神经网络模型 net。

（3）使用已知的输入输出数据作为训练集，训练已建立的神经网络，使其学习输入和输出数据间的对应关系。同样以 BP 神经网络为例，对应函数的调用格式如下：

$$[\text{net},\text{tr}]=\text{train}(NET,X,T,Pi,Ai)$$

式中　NET——待训练网络；

　　　　X——输入数据矩阵；

　　　　T——输出数据矩阵；

　　　　Pi——初始化输入层条件；

　　　　Ai——初始化输出层条件；

　　　net——训练好的网络；

　　　　tr——训练过程记录。

（4）已训练好的神经网络模型相当于输入输出数据间的函数关系，输入相关数据，即可得到网络的预测值，其函数调用格式如下：

$$y = sim(net, x)$$

式中　net——训练好的网络；

　　　　x——输入数据；

　　　　y——预测结果。

3.3　支持向量机模型

机器学习（Machine Learning）是人工智能（Artificial Intelligence）领域最前沿的研究方向之一。而基于数据的统计学习是当前机器学习技术的一个重要分支。基于数据的统计学习不同于传统的以渐进理论为基础的统计学，它模拟人类从实例中学习归纳的能力，主要研究如何从一些观测数据中挖掘目前尚不能通过原理分析得到的规律，并利用这些规律去分析客观对象，对未知数据或无法观测的新数据进行预测与判断。前文介绍的神经网络也是机器学习领域的重要成果。

一般基于数据的机器学习问题的目标在于使期望风险 $R(\alpha)(\alpha \in \Lambda, \Lambda$ 为模型参数集合）达到最小化。但是，基于数据的机器学习问题所面临的问题是，已知的信息只是部分的数据集，不可能全面反映系统的整体信息。在进行学习的过程中，通常只能依据已知的部分数据，实现经验风险 $R_{emp}(\alpha)$ 最小化（Empirical Risk Minimization，ERM），即学习得到的模型能够最好地描述已知的部分数据。

仔细研究经验风险最小化原则可以发现，该思路只是直观上比较合理，但并无可靠的理论依据。$R_{emp}(\alpha)$ 和 $R(\alpha)$ 都依赖于训练集数据的多少，仅当训练数据趋近于全集时，经验风险 $R_{emp}(\alpha)$ 才会趋近于期望风险 $R(\alpha)$，而实际中已知数据集是有限的，因此根据经验风险最小化原则得到的学习风险难以达到理想的程度。

针对小样本学习问题，Vapnik 等提出了统计学习理论（Statistical Learning Theory，SLT），统计学习理论从理论上系统地研究了经验风险最小化原则成立的条件，有限数据集下经验风险与实际风险的关系，及如何利用这些理论找到新的学习法则和方法等问题。其主要内容如下：

（1）经验风险最小化原则下统计学习一致性的问题。

（2）在这些条件下关于统计学习方法推广性的界的结论。

（3）在这些界的基础上建立的小数据样本归纳推理原则。

（4）实现这些新原则的实际算法。

由于统计学习理论是一种专门研究在有限数据集情况下基于数据的机器学习规律的理论，因此它为研究在有限数据集情况下的统计模式识别和更广泛的机器学习问题构建了一个较好的理论基础。同时，也发展出了一种新的基于数据的机器学习算法——支持向量机（Support Vector Machine，SVM）。

3.3.1　支持向量机原理

3.3.1.1　结构风险最小化原理

针对经验风险最小化原则的缺陷，统计学习理论提出了修正结构风险最小化原则。结构风险最小化就是综合考虑经验风险和置信范围，使期望风险最小化。统计学习理论通过可变 VC 维的方法达到结构风险最小化。设有函数集 $S=\{f(x,\alpha),\alpha\in\Lambda\}$，把其分解的子函数集为

$$S_1\subset S_2\subset,\cdots,\subset S_k\subset,\cdots,\subset S;S=\bigcup_i S_i$$

其中，每个子集的 VC 维满足的条件

$$h_1\leqslant h_2\leqslant,\cdots,\leqslant h_k\leqslant\cdots$$

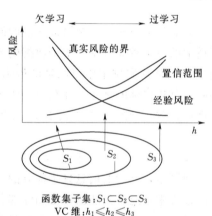

图 3-10　结构风险最小化原理图

在各子集中求解经验风险最小化函数，并且在不同子集之间考虑经验风险和置信范围的影响，使期望风险达到最小，从而得出一个具有推广能力的中间子集 S^*，其原理如图 3-10 所示。

在统计学习理论中，机器学习的目的是在较小的经验风险和置信范围的情况下获得最小的期望风险，支持向量机就是在此背景下产生的新的理论方法。

3.3.1.2　最优判别超平面

与支持向量机密切相关的一个方面是最优判别超平面。假设数据如下：$S=\{(x_1,y_1),\cdots,(x_l,y_l)\}$，$x_i\in R^n$ 称为输入空间或输入特征空间，$y\in\{-1,1\}$ 是样本的类标记，分类的目的就是寻找一个分割超平面将正负两类样本完全分开。

设 $\{\omega\cdot x+b=0,\omega\in R^n,b\in R\}$ 是所有能够对 S 完全正确分类（经验风险为 0）的超平面的集合。完全正确分类的意义是：任意一个由法向量 ω 和常数 b 确定的分类超平面 H^*，它对样本集 S 的分类结果为

$$\begin{cases}\omega\cdot x+b\geqslant 0,若\ y_i=+1\\\omega\cdot x+b\leqslant 0,若\ y_i=-1\end{cases}$$

此时，观测样本 $(x_i,y_i)\in S$ 到超平面 H^* 的距离为 $d_i=y_i(\omega\cdot x_i+b)$。设 $d^+=\min\{d_i|y_i=+1\}$ 和 $d^-=\min\{d_i|y_i=-1\}$ 分别为 S 中的正负类样本距离 H^* 的最小距离，并由此确定两个与 H^* 平行的超平面 H_1 和 H_2 的位置，方程分别为 H_1：$\omega\cdot x+b=d^+$ 和 H_2：$\omega\cdot x+b=-d^-$。分析可知，H_1 和 H_2 分别与正负两类样本相切，它们之间的区域

不会出现 S 中的观测样本。并且，位于 H_1 和 H_2 正中间，与它们平行的超平面 $H:\omega \cdot x + b = (d^+ - d^-)/2$ 能够等距离地分开两类观测样本，因而具有比 H^* 更优的分类性质，如图 3-11 所示。

将 ω 和 b 进行归一化，即：$\overline{\omega} = \dfrac{2\omega}{d^+ + d^-}$，$\overline{b} = \dfrac{2b - d^+ + d^-}{d^+ + d^-}$，得到超平面 H、H_1 和 H_2 的归一化形式为

$$\begin{cases} H:\overline{\omega} \cdot x + \overline{b} = 0 \\ H_1:\overline{\omega} \cdot x + \overline{b} = 1 \\ H_2:\overline{\omega} \cdot x + \overline{b} = -1 \end{cases}$$

把超平面 H_1 和 H_2 之间的距离称为 H 的"分类间隔 Δ"，并将 H_1 和 H_2 称为 H 的"间隔超平面"或者"间隔边界"。容易计算，$\Delta = 2/\parallel \overline{\omega} \parallel = d^+ + d^-$。

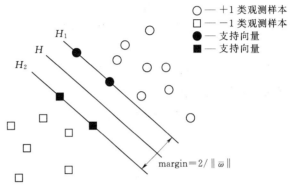

图 3-11 最优判别超平面

所谓的"最大间隔分类超平面"就是在正确分类所有学习样本〔即满足约束条件 $y_i(\overline{\omega} \cdot x_i + \overline{b}) \geqslant 1$〕的前提下，使得分类间隔 Δ 取最大值的超平面，例如图 3-11 中的 H。

3.3.1.3 线性样本分类

为了求解线性可分问题的最大间隔超平面，需要在满足约束 $y_i(\overline{\omega} \cdot x_i + \overline{b}) \geqslant 1$ 的前提下最大化间隔 Δ，等价于

$$\min_{\omega,b} \frac{1}{2} \parallel \overline{\omega} \parallel^2 \quad y_i(\overline{\omega} \cdot x_i + \overline{b}) \geqslant 1 \quad i = 1, \cdots, l$$

这是一个典型的线性约束的凸二次规划问题，它唯一确定了最大间隔分类超平面。它的 Lagrange 函数为

$$L(\overline{\omega}, \overline{b}, \alpha) = \frac{1}{2} \parallel \overline{\omega} \parallel^2 - \sum_{i=1}^{l} \alpha_i [y_i(\overline{\omega} \cdot x_i + \overline{b}) - 1]$$

其中，$\alpha_i \geqslant 0$ 是每个样本对应的 Lagrange 乘子。将函数 $L(\overline{\omega}, \overline{b}, \alpha)$ 关于 $\overline{\omega}$，$\overline{b}$ 求其极小值，由极值条件 $\nabla_b L(\overline{\omega}, \overline{b}, \alpha) = 0$ 和 $\nabla_{\overline{\omega}} L(\overline{\omega}, \overline{b}, \alpha) = 0$ 得到

$$\sum_{i=1}^{l} y_i \alpha_i = 0$$

$$\overline{\omega} = \sum_{i=1}^{l} \alpha_i y_i x_i$$

将以上两式带入 Lagrange 函数 $L(\overline{\omega}, \overline{b}, \alpha)$，并考虑 Wolfe 对偶性质，得到优化问题的对偶问题为

$$\max_{\alpha} - \frac{1}{2} \sum_{i=1}^{l} \sum_{j=1}^{l} y_i y_j \alpha_i \alpha_j (x_i \cdot x_j) + \sum_{i=1}^{l} \alpha_i \quad \text{s. t.} \begin{cases} \sum_{i=1}^{l} y_i \alpha_i = 0 \\ \alpha_i \geqslant 0, i = 1, \cdots, l \end{cases}$$

可见，对偶问题仍然是线性约束的凸二次优化，存在唯一的最优解 α^*。

根据约束优化问题的 Karush-Kuhn-Tucker（KKT）条件，优化上式取最优解 α^* 时应满足的条件为

$$\alpha_i^*\left[y_i(\overline{\omega}^* \cdot x_i + \overline{b}^*) - 1\right] = 0, i = 1, 2, \cdots, l$$

从图 3-11 中可以看出，由于只有少部分观测样本 x_i 满足 $y_i(\overline{\omega}^* \cdot x_i + \overline{b}^*) = 1$，它们对应的 Lagrange 乘子 $\alpha^* > 0$，而剩余的样本满足 $\alpha^* < 0$。我们称解 α^* 的这种性质为"稀疏性"。

把 $\alpha^* > 0$ 的观测样本称为"支持向量"，它们位于间隔边界 H_1 或 H_2 上。结合以上推导过程可知，$\overline{\omega}^*$ 和 $\overline{b}^*$ 均由支持向量决定。因此，最大间隔超平面 $\overline{\omega}^* \cdot x_i + \overline{b}^* = 0$ 完全由支持向量决定，而与剩余的观测样本无关。这时可以得到如下的最优决策函数或者分类器

$$f(x) = \mathrm{sgn}(\overline{\omega}^* x_i + \overline{b}^*) = \mathrm{sgn}\left(\sum_{i=1}^{l}\alpha_i y_i(x x_i) + \overline{b}^*\right)$$

3.3.1.4　非线性样本分类

线性情况下的支持向量机，可以通过寻找一个线性的超平面来达到对数据进行分类的目的。不过，由于是线性方法，所以对非线性的数据就没有办法处理了。例如图 3-12 的两类数据，分别分布为两个圆圈的形状，不论是任何高级的分类器，只要它是线性的，就没法处理，因为这样的数据本身就是线性不可分的。

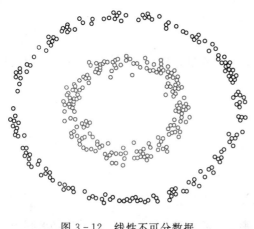

图 3-12　线性不可分数据

由于两类数据实质上是用两个半径不同的圆圈加上少量的噪声得到的，所以，一个理想的分界应该是一个"圆圈"而不是一条线（超平面）。如果用 x_1 和 x_2 来表示这个二维平面的两个坐标的话，其表述形式为

$$a_1 x_1 + a_2 x_1^2 + a_3 x_2 + a_4 x_2^2 + a_5 x_1 x_2 + a_6 = 0$$

如果要构造另外一个五维的空间，其中五个坐标的值分别为 $z_1 = x_1$，$z_2 = x_1^2$，$z_3 = x_2$，$z_4 = x_2^2$，$z_5 = x_1 x_2$，那么显然，上面的方程在新的坐标系下可写成

$$\sum_{i=1}^{5}a_i z_i + a_6 = 0$$

新的坐标 Z 是一个超平面的方程，也就是说，如果做一个映射 ϕ：$R2 \to R5$，将 X 按照上面的规则映射为 Z，那么在新的空间中原来的数据将变成线性可分的，从而可使用之前推导的线性分类算法进行处理。这正是支持向量机处理非线性问题的基本思想。

以上算法也存在以下问题：①对一个二维空间做映射，选择的新空间是原始空间的所有一阶和二阶的组合，得到了五个维度；②如果原始空间是三维，会得到十九维的新空间，这个数目呈爆炸性增长，给空间映射的计算带来非常大的困难，而且遇到无穷维的情况，根本无从计算。支持向量机使用核函数解决以上问题。常用的核函数如下：

（1）多项式核

$$K(x,x')=[(x\cdot x')+c]^d$$

核函数为多项式的阶数 d，且通常有 $c=0$ 或 $c=1$。当 $d=1$ 和 $c=0$ 时，实际得到的是线性核函数 $K(x,x')=x\cdot x'$。

（2）径向基核

$$K(x,x')=\exp(-\parallel x\cdot x'\parallel^2/2\sigma^2)$$

对于常见的模式识别问题，径向基核都具有优异的泛化性能。

（3）傅里叶核

一维傅里叶核为

$$K(x,x')=\frac{1-q^2}{2[1-2q\cos(x-x')+q^2]}$$

其中核参数 $0<q<1$。

总结一下：对于非线性的情况，支持向量机的处理方法是选择一个核函数，通过将数据映射到高维空间，来解决在原始空间中线性不可分的问题。由于核函数的特点，使非线性扩展在计算量上增加较少，极为难得。

3.3.1.5 支持向量机的优点

相比于神经网络等传统的学习方法，采用结构风险最小化原则的支持向量机具有许多优异的性质，概括地说，它的优点主要如下：

（1）作为一种通用的学习机器，支持向量机是统计学习理论用于解决实际问题的具体实现。它在本质上是求解一个凸二次规划，从理论上说，能够获得全局最优解，从而有效地克服了神经网络等方法无法避免的局部极值问题。

（2）专门针对有限样本情况下的学习问题，采用结构风险最小化原则同时对经验风险和学习机的复杂度进行控制，有效地避免过学习现象的产生，能够获得比传统学习方法更优良的泛化能力。

（3）核函数的引入，可以将实际问题通过非线性映射到高维空间，并构造线性学习机器来实现原问题的求解。特殊性质的核函数能保证学习机器具有更好的泛化能力。同时，利用核函数巧妙地避免了高维的内积运算，使得算法的复杂度与样本维数无关，有效地避免了"维数灾难"。

3.3.2 基于SVM的风电功率预报建模

支持向量机建模工具很多，但当前应用最广泛的是由台湾大学林智仁教授等开发设计的 LIBSVM 软件包。LIBSVM 不但提供了编译好的可在 Windows 系列系统的执行文件，还提供了源代码，方便改进、修改以及在其他操作系统上应用；该软件对 SVM 所涉及的参数调节相对比较少，提供了很多的默认参数，利用这些默认参数可以解决很多问题；并提供了交互检验（Cross Validation）的功能。该软件可以解决支持向量机回归、分类等问题，包括基于一对一算法的多类模式识别问题。目前，LIBSVM 拥有 C、Java、Matlab、C♯、Ruby、Python、R、Perl、Common LISP、Labview 等数十种语言版本。最常使用的是 Matlab 版本。

LIBSVM 软件包功能十分强大，但软件包核心函数只有 svmtrain（）和 svmpredict（），参数设置也比较简单，因此可以很方便地实现支持向量机建模操作。下文将简介以上两个核心函数的调用格式及参数设置。

模型训练函数 svmtrain（），其调用格式为

$$model = svmtrain(label, attribute, '-c\ 2 - g\ 1');$$

模型的输出函数为 model，是支持向量机的建模成果，反映了输入、输出数据之间的对应关系。函数的输入参数可分为三组，分别为 label、attribute 和单引号内的模型参数。其中 attribute 为样本属性，label 则为样本标签，以基于 NWP 的风电功率预测为例，风速、风向等模型输入数据即为样本属性，而输入数据相对应的风电功率数据即为样本标签。单引号内为参数设置，重要的参数简介如下：

（1）-s 支持向量机功能类型（默认值为 0）。

0：C-SVC（用于样本分类）；

1：nu-SVC（用于样本分类）；

2：one-class SVM；

3：epsilon-SVR（用于样本回归）；

4：nu-SVR（用于样本回归）。

（2）-t 核函数类型（默认值为 2）。

0：线性核函数；

1：多项式核函数；

2：径向基核函数；

3：sigmoid 核函数。

（3）-d degree：核函数中的 degree 设置（针对多项式核函数）（默认 3）。

（4）-g r（gama）：核函数中的 gamma 函数设置（针对多项式/径向基/sigmoid 核函数）（默认 1/k）。

（5）-r coef0：核函数中的 coef0 设置（针对多项式/sigmoid 核函数）（默认 0）。

（6）-c cost：设置 C-SVC，epsilon-SVR 和 nu-SVR 的参数（损失函数）（默认 1）。

（7）-m cachesize：设置 cache 内存大小，以 MB 为单位（默认 40）。

（8）-e eps：设置允许的终止判据（默认 0.001）。

（9）-h shrinking：是否使用启发式，0 或 1（默认 1）。

（10）-wi weight：设置第几类的参数 C 为 weight ∗ C（C - SVC 中的 C）（默认 1）。

（11）-v n：n-fold 交互检验模式，n 为 fold 的个数，必须大于等于 2。

模型分类或预测函数 svmpredict（），其调用格式如下：

$$[Plabel, acc] = svmpredict(Tlabel, Tattribute, model);$$

此函数的输入参数也有 3 组，其中 model 是使用 svmtrain（）函数对输入、输出数据学习后得到的模型，而 Tlabel、Tattribute 则是测试集的标签和属性。以风电功率预测为例，预测日的功率和 NWP 参数即为 Tlabel 和 Tattribute，Tlabel 可缺省。输出参数有 2 组，其中 Plabel 是模型的分类或预报结果，acc 则为分类或预报准确率，如果 Tlabel 缺省，则 acc 也随之缺省。

支持向量机类型主要包括分类问题、回归问题和概率密度问题，而风电功率预测可以归类为机器学习的回归问题。使用基于 Matlab 平台的 LIBSVM 软件包实现支持向量机建模。同样以 2009 年 11 月 1—30 日，时间分辨率为 30min 的风速、风向的正弦值、余弦值作为支持向量机输入，同时段的风电场发电负荷作为向量机输出，选用径向基核函数，使用向量机对数据进行学习。完成训练过程后，使用 2009 年 12 月 1 日的 NWP 数据作为输入，预测同时段发电功率，如图 3－13 所示。

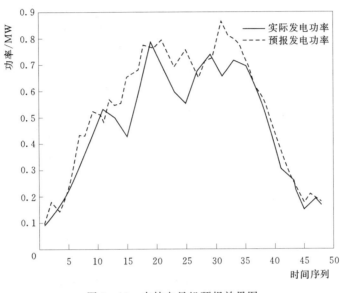

图 3－13　支持向量机预报效果图

从图 3－13 可知，与 BP 神经网络相比，支持向量机预报结果稍好，与实际数据吻合度更高。

3.4　混　沌　模　型

3.4.1　混沌预报基础理论

20 世纪下半叶，非线性科学获得了前所未有的迅速发展，作为一门研究非线性现象共性的基础科学，它与量子力学和相对论并称为 20 世纪自然科学的"三大革命之一"。科学界认为：非线性科学的研究不仅具有重大的科学意义，而且具有广泛的应用前景，它几乎涉及自然科学和社会科学的各个领域，并不断改变着人们对于现实世界的某些传统看法。客观事物的运动除了周期、准周期和定常等状态以外，还存在着一种更具普遍意义的运动形式即混沌。一般认为，混沌是指确定系统中出现的一种貌似无规则的、类似随机的现象。对于确定性的非线性系统出现的具有内在随机性的解，就称为混沌解。自 1975 年混沌作为一个科学名词首次在文献中出现以来，混沌科学取得了迅猛发展。混沌行为广泛存在于自然现象和社会现象中，对混沌理论和方法的研究将会大大加深对这些自然、社会现象的认识。

3.4.1.1　混沌特征

混沌运动不同于定常运动，是具有特殊性态特征的运动形式。以下将简述混沌运动的主要特征。

（1）对初始条件的极端敏感性。复杂动力系统只有通过非线性数学模型才能精确地描述。混沌是由非线性系统产生的。即使是在一些形式简洁的非线性确定方程中，初始值的微小变化也将导致系统行为的巨大差异，表现出与随机现象类似的行为，这就是混沌行为对初始条件的极端敏感性。非线性作用使系统运动的差异呈指数型增长趋势，结果使得初始值的微小不确定性增大到完全无法预测的地步。因而混沌行为具有长期不可预测性。

（2）奇怪吸引子的存在。奇怪吸引子是混沌现象在相空间的一个基本标志，可以对其引入定常态的分布函数进行统计描述。各种运动模式在演化过程中衰亡，最后只剩下少数自由度决定系统的长期行为，即耗散系统的运动最终趋向维数比原始相空间维数低的极限集——吸引子。长期以来，动力系统研究的是耗散系统的规则性态，即简单吸引子（平常吸引子，如不动点、极限环、环面）上出现的定常性态。奇怪吸引子完全不同于简单吸引子，它的出现与运动轨道的不稳定性密切相关。由于对初始条件的敏感性，运动沿着某些方向指数分离，因而无穷次地伸长和折叠从而了形成奇怪吸引子。

（3）自相似性。自相似性指在混沌区内任取其中一个小单元，放大来看都和原来混沌区一样，具有和整体相似的结构，包含着整个系统的信息。自相似性是分形的基本特征，而分形维数是其一个定量表征，常常具有非整数维。对于混沌而言，分维形态不是指它的实际几何形态，而指其行为特征。

（4）普适性。普适性是指运动趋向混沌时所表现出来的共同特征，它不依赖具体的系统及系统的运动方程而变。

混沌科学发展到今天，仍缺乏一个全面而科学的定义来描述混沌运动的特点。因此，如何根据以上混沌运动的特点识别动力系统中的混沌特性，并进行定性和定量的研究，还需要学者们继续关注和深入研究。

3.4.1.2　相空间重构

混沌的离散情况常常表现为混沌时间序列。混沌时间序列中蕴涵了丰富的动力学信息，如何提取这些信息并应用到实际中是混沌应用的一个重要方面。混沌时间序列预测的理论基础是相空间重构。其基本思想是：系统中任一分量的演化都是由与之相互作用的其他分量所决定的，因此相关分量的动力信息就隐藏在任一分量的发展过程中。重构一个等价的状态空间只需考察一个分量，并将它在某些固定的时间延迟点上的测量值作为新维处理，即将延迟值看成新的坐标，它们确定了某个多维状态空间的一点。重复这一过程并测量相对于不同时间的各延迟量，可以产生许多这样的点，由这些点构成的相空间保存了吸引子的许多性质，即用系统的一个观察量可以重构原动力系统模型。

这样就可以从某一分量的一批时间序列中提取和恢复出系统原来的规律，这种规律是高维空间中的一种复杂但规则的轨迹，即奇异吸引子。Packard 等建议用原始系统中某变量的延迟坐标来重构相空间，Takens 证明了可以找到一个合适的嵌入维，即如果延迟坐标的维数 $m \geqslant 2D+1$，D 是动力系统的维数，在这个嵌入维空间中可以把混沌吸引子恢复出来。

Takens 定理：M 为 D 维流形，φ：$M \to M$，φ 是一个光滑的微分同胚，y：$M \to R$，y 是二阶连续导数，$\phi(\varphi, y)$：$M \to R^{2D+1}$，其中

$$\phi(\varphi, y) = (y(x), y(\varphi(x)), y(\varphi^2(x)), \cdots, y(\varphi^{2D}(x)))$$

则 $\phi(\varphi, y)$ 是 M 到 R^{2D+1} 的一个嵌入。

对混沌系统

$$Y_{t+1} = F(Y_t)$$

式中　Y_t——状态变量，$Y_t \in R_D$；

　　　F——光滑连续函数，$FR_D \to R_D$。

对上式，能够观察到的往往是一个单维的混沌时间序列 $\{x(t), t=1,2,\cdots,N\}$。由相空间重构理论可得该序列 m 维相空间中的相点为

$$X(t) = \{x(t), x(t+\tau), \cdots, x[t+(m-1)\tau]\} \quad t=1,2,\cdots,L$$

其中

$$L = N - (m-1)\tau$$

式中　m——嵌入维；

　　　τ——时间延迟。

根据 Takens 定理，当 τ 选择恰当，且 $m \geqslant 2D+1$ 时，存在确定性映射 F^m：$R^m \to R^m$，使得

$$X(t+1) = F^m(X(t))$$

上式即为重构系统，与原系统具有相同的动力学特性。

在重构相空间中，嵌入维 m 和时间延迟 τ 的选取具有十分重要的意义，同时选取合适的值也是很困难的。当嵌入维 $m < 2D+1$ 时，相空间不能恢复奇异吸引子原有性质；而当嵌入维取值过大时，高维重构相空间将包含过多的冗余信息，因此当嵌入维大于某个最大值时，预测精度会随着嵌入维的增大而单调下降。而对于时间延迟的选取，当取值过小时，时间序列的任意两个相邻延迟坐标点非常接近，不能相互独立，将会导致数据的冗余；当取值过大时，由于蝴蝶效应的影响，时间序列的任意两个相邻延迟坐标点将毫不相关，不能反映整个系统的特性。关于嵌入维和时间延迟的计算，当前主要有以下两种观点：①认为时间延迟和嵌入维的选取是独立进行的，根据这种观点，嵌入维和时间延迟都使用各自的算法分别计算；②认为嵌入维与时间延迟是相关的，通过计算嵌入窗宽 $(m-1)\tau$ 进行相空间重构，以上算法将在随后章节中进行介绍。

3.4.1.3　嵌入维的仿真与计算

嵌入维的计算是重构相空间的基础，选取合适的嵌入维直接影响到预测的精度。根据 Takens 定理，通常选择嵌入维 $m \geqslant 2D+1$。本节将介绍 2 种嵌入维算法，分别是 G-P 算法和 C-C 算法。

1. G-P 算法

G-P 算法是由 Grassberger 和 Procaccia 联合提出的，其主要步骤如下：

（1）对于时间序列 $\{x(t), t=1,2,\cdots,N\}$，先给定一个较小的嵌入维 m_0，则可对应一

个重构的相空间。

（2）计算关联函数

$$C(r) = \lim_{N \to \infty} \frac{1}{N^2} \sum_{i,j=1}^{N} \theta(r - |Y(t_i) - Y(t_j)|)$$

式中　　$|Y(t_i) - Y(t_j)|$——相点 $Y(t_i)$ 到 $Y(t_j)$ 之间的距离；

　　　　　$\theta(z)$——Heaviside 函数；

　　　　　$C(r)$——累积分布函数，表示相空间中吸引子上两点之间距离小于 r 的概率。

（3）对于 r 的某个适当范围，吸引子的关联维 D 与累积分布函数 $C(r)$ 应满足对数线性关系，即 $d(m) = \log_2 C(r) / \log_2 r$。通过拟合求出对应于 m_0 的关联维数估计值 $D(m_0)$。

（4）增加嵌入维数 $m_1 > m_0$，重复步骤（2）、（3），直到相应的维数估计值 $D(m)$ 误差在一定范围，不再随 m 的增长而变化为止。此时得到的 D 即为吸引子的关联维数。

图 3-14 为使用 G-P 算法求解 Lorenz 吸引子关联维的实例图。

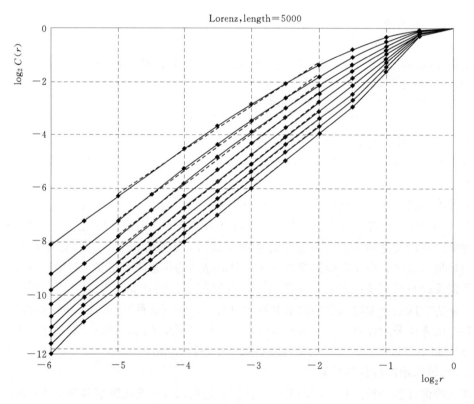

图 3-14　拟合 $d(m)$ 曲线

在图 3-14 中，$d(m)$ 曲线的斜率随着嵌入维的增大而逐步增大，而当嵌入维增大到一定程度时，混沌序列的斜率不再随着嵌入维的增大而增加，而是在一个值附近波动（图 3-15），因此此时的 $d(m)$ 即为关联维取值。若斜率随着嵌入维增大而不断变大，则可判断该时间序列为随机序列。G-P 算法简单易行，是应用最为广泛的关联维算法。但是采用 G-P 算法计算动力系统实测数据吸引子的关联维数时，诸多因素可能影响估计精度。误差的来源主要有：①实测数据序列的长度 N 有限；②采样序列的自相关性；③相空间重构参数的选择和实测数据中附加噪声的影响。

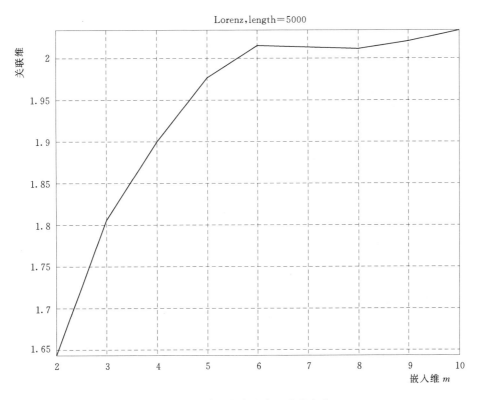

图 3-15　曲线斜率随嵌入维的变化

采样序列长度对吸引子关联维数的估计量影响最大，当 $N \to \infty$ 时，关联维数估计的各种偏差都会有所改善，为了获取一个较为可靠的关联维估计值，采样序列的长度必须大于某一最小值 $N_{\min}$。但由于关联维算法的复杂度为 $O(N^2)$，数据量大大增加，加重了计算负担，因此有关学者提出了改进速度的相应算法。

若序列的相关时间相对于采样时间较长，采样序列的自相关性会使关联积分产生异常肩峰，导致关联维数估计质量下降，甚至得到虚假的估计值。这个问题的解决方法是增加采样时间，适当增大采样间隔，同时采用引入限制短暂分离参数，使该参数大于序列平均周期时间，去除同一轨道前后点之间的关联。

对于噪声影响，尽管噪声对某一初值出发的特定轨线是敏感的，但混沌吸引子的整体结构是稳定的，因此动力系统实测数据中的较小噪声对关联维数计算的影响不大。但度量分形特征的尺度 r 应大于噪声幅度，当尺度 r 接近或小于噪声幅度时，关联积分的计算会受到强烈影响。此时需要考虑使用降噪方法，但不宜直接对信号低通滤波来去除高频噪声，因为这有可能人为地提高吸引子的关联维。

2. C-C 算法

1999 年，Kim、Eykholt 和 Salas 提出 C-C 方法，该方法应用关联积分，能够同时估计出延迟时间 τ 和嵌入窗宽 τ_w。设时间序列为 $\{x(n), n=1,2,\cdots,N\}$。$X_i(n)=\{x_i(n),x_i(n+\tau),\cdots,x_i[n+(m-1)\tau]\}(i=1,2,\cdots,M)$ 为相空间中的点。C-C 算法具体如下：

（1）将嵌入时间序列的关联积分定义为

$$C(m,N,r,\tau)=\frac{1}{M^2}\sum_{1\leqslant i\leqslant j\leqslant M}\theta(r-\parallel X_i-X_j\parallel)\quad r>0$$

式中　m——嵌入维数；

N——时间序列的长度；

r——临域半径的大小；

τ——延迟时间；

$\theta(\cdot)$——Heaviside 单位函数。

$$\theta(x)=\begin{cases}0 & x<0 \\ 1 & x\geqslant0\end{cases}$$

关联维数为

$$D(m,\tau)=\lim_{r\to0}\frac{\ln C(m,r,\tau)}{\ln r}$$

其中　　　　　　　$\ln C(m,r,\tau)=\lim_{N\to\infty}C(m,N,r,\tau)$

（2）将时间序列 $\{x(n),n=1,2,\cdots,N\}$ 分成 t 个不相交的时间序列，长度为 $INT(N/t)$，INT 为取整，对于一般的自然数 t，有

$$\{x(1),x(t+1),x(2t+1),\cdots\}$$
$$\{x(2),x(t+2),x(2t+2),\cdots\}$$
$$\vdots$$
$$\{x(t),x(t+t),x(2t+t),\cdots\}$$

然后计算每个子序列的统计量 $S(m,N,r,\tau)$ 为

$$S(m,N,r,\tau)=\frac{1}{t}\sum_{i=1}^{t}\{C_i(m,N/r,r,\tau)-[C_i(m,N/t,r,\tau)]^m\}$$

式中　C_i——第 i 个子序列的相关积分。

局部最大间隔可以取 $S(\cdot)$ 的零点或对所有的半径 r 相互差别最小的时间点。选择对应值最大和最小两个半径 r，定义差量为

$$\Delta S(m,t)=\max[S(m,N,r_i,t)]-\min[S(m,N_i,r_j,t)]\quad i\neq j$$

根据统计学原理，m 取值为 $2\sim5$；r 的取值为 $\sigma/2\sim2\sigma$，σ 是时间序列的均方差。得到的方程为

$$\triangle \overline{S}(t) = \frac{1}{4} \sum_{m=2}^{5} \triangle \overline{S}(m, N, t)$$

$$\overline{S}(t) = \frac{1}{16} \sum_{m=2}^{5} \sum_{j=2}^{4} S(m, N, r_j, t)$$

$$S_{\text{cor}}(t_i) = \triangle \overline{S}(t) + |\overline{S}(t)|$$

式中　$\overline{S}(t)$ ——所有子序列的统计量 $S(m, N, r_j, t)$ 的均值。

$\triangle \overline{S}(t)$ 的第一个极小值对应第一个局部最大时间 τ，$S_{\text{cor}}(t_i)$ 的最小值对应时间序列独立的第一个整体最大值时间窗口，即延迟时间窗口。

图 3-16 为使用 C-C 法求解 Lorenz 吸引子嵌入窗宽的实例图。

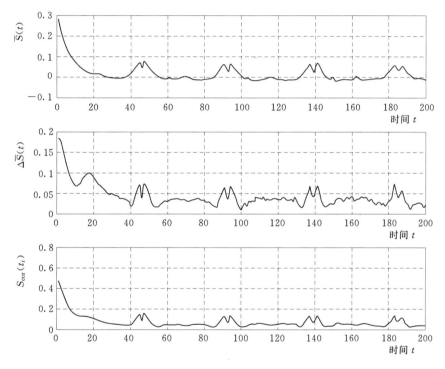

图 3-16　C-C 法求解嵌入窗宽实例

3.4.1.4　常用混沌预报算法

计算时间序列的嵌入维和时间延迟，即可实现相空间重构。基于相空间重构理论，混沌时间序列预测方法可分为全局法和局域法两类。全局法利用全部的过去信息来预测未来值，因为吸引子的结构非常复杂，所以拟合全局动力方程的难度也往往较大。局域法的思路是：首先找到预测基准点的邻近点，然后以这些邻近点作为混沌序列预测的数据基础进行预测模型的参数识别。Farmer 和 Sidorowich 证明，在相同的嵌入维数下，局域法的预测效果比全局法更好，且局域法的计算量较全局法显著减少。

本节介绍一种以夹角余弦为相关度的加权一阶局域预测法。

假设测量到的电力负荷序列为 $\{x(t), t = 1, 2, \cdots, N\}$，对其进行相空间重构，得相空

间 $X = \{X_1, X_2, \cdots, X_L\}$。

向量 α，β 间夹角余弦的定义为

$$\cos(\alpha, \beta) = \frac{\alpha \cdot \beta}{|\alpha| \times |\beta|}$$

夹角余弦值越大，表明向量间夹角越小，相关性越高。

对于重构相空间 $X = \{X_1, X_2, \cdots, X_L\}$，以相点 X_L 为参考相点，计算其他相点与 X_L 的夹角余弦值 c，选取其中最大的 $M(M = m+1)$ 个值所对应的相点作为参考临域 $X_{Li}(i = 1, \cdots, M)$。设 c_m 为 c 中的最大值，根据夹角余弦值大小为临域点加权值 P

$$P_i = \frac{\exp(c_i - c_m)}{\sum\limits_{i=1}^{q} \exp(c_i - c_m)}$$

根据参考临域 X_{Li}，对线性拟和参数 a，b 进行辨识。这里将临域点视为向量，以向量的模和夹角为优化目标，要求拟合相点模尽量逼近目标相点模，并使拟合相点与目标相点夹角最小，即

$$\sum_{i=1}^{p} P_i (| X_{Li+\eta} | - | ae + bX_{Li} |)^2 = \min$$

$$\sum_{i=1}^{p} P_i \cos(ae + bX_{Li}, X_{Li+\eta}) = \max$$

式中　η——多步外推步长。

由夹角余弦定义展开上式可将

$$f(a, b) = \sum_{i=1}^{m} P_i \frac{K_1 a + K_2 b}{K_3 \sqrt{ma^2 + K_4 ab + K_5 b^2}}$$

其中　$K_1 = \sum\limits_{j=1}^{m} x_{i+\eta}^j, K_2 = \sum\limits_{j=1}^{m} x_i^j x_{i+\eta}^j, K_3 = \sqrt{\sum\limits_{j=1}^{m} x_{i+\eta}^{j^2}}, K_4 = \sum\limits_{j=1}^{m} 2x_i^j, K_5 = \sum\limits_{j=1}^{m} x_i^{j^2}$

对上式分别求 a，b 的偏导，得

$$\frac{\partial f(a, b)}{\partial a} = \sum_{i=1}^{q} P_i [(K_1 K_4 - 2mK_2)ab + (2K_1 K_5 - K_2 K_4)b^2] = 0$$

$$\frac{\partial f(a, b)}{\partial b} = \sum_{i=1}^{q} P_i [(2mK_2 - K_1 K_4)a^2 + (K_2 K_4 - 2K_1 K_5)ab] = 0$$

消去二次项

$$a = \frac{\left| \sum\limits_{i=1}^{q} P_i (2K_1 K_5 - K_2 K_4) \right|}{\left| \sum\limits_{i=1}^{q} P_i (K_1 K_4 - 2mK_2) \right|} b$$

令

$$K = \frac{\left| \sum\limits_{i=1}^{q} P_i (2K_1 K_5 - K_2 K_4) \right|}{\left| \sum\limits_{i=1}^{q} P_i (K_1 K_4 - 2m K_2) \right|}$$

则 $a = Kb$，将其带入式 $g(a,b)$ 并对 b 求偏导

$$\frac{\partial f(b)}{\partial b} = b \sum_{i=1}^{q} P_i \sum_{j=1}^{m} (K + x_i^j)^2 - \sum_{i=1}^{m} P_i \sqrt{\sum_{j=1}^{m} x_{i+\eta}^{j\,2} \sum_{j=1}^{m} (K + x_i^j)^2} = 0$$

计算得

$$b = \frac{\sum\limits_{i=1}^{q} P_i \sqrt{\sum\limits_{j=1}^{m} x_{i+\eta}^{j\,2} \sum\limits_{j=1}^{m} (K + x_i^j)^2}}{\sum\limits_{i=1}^{q} P_i \sum\limits_{j=1}^{m} (K + x_i^j)^2}$$

$$a = K \frac{\sum\limits_{i=1}^{q} P_i \sqrt{\sum\limits_{j=1}^{m} x_{i+\eta}^{j\,2} \sum\limits_{j=1}^{m} (K + x_i^j)^2}}{\sum\limits_{i=1}^{q} P_i \sum\limits_{j=1}^{m} (K + x_i^j)^2}$$

将 a，b 值带入

$$\begin{bmatrix} X_{L1+1} \\ X_{L2+1} \\ \vdots \\ X_{LM+1} \end{bmatrix} = ae + b \begin{bmatrix} X_{L1} \\ X_{L2} \\ \vdots \\ X_{LM} \end{bmatrix}$$

可得 $x(t)$ 序列的 η 步预测值 $\hat{X}_{L+\eta}(m)$。

3.4.2 混沌风电功率预报实例分析

混沌预报算法没有使用 NWP 数据对预报结果进行修正，而是直接从历史时间序列中挖掘规律。该方法模型输入参数少，建模速度快；但由于风电功率随机性较强，因此混沌算法有效预报区间并不长，适用于超短期风电功率预测。

本节仍然采用由 2012 年全球能源预报竞赛（Global Energy Forecasting Competition 2012）提供的风电场功率数据，该数据已经进行归一化处理。采用总共 1 个月，时间分辨率为 30min 的历史数据，时间序列共 1440 点，预报 2009 年 12 月 1 日每 4h 内的风电功率值。使用 C-C 算法计算数据的嵌入维，得到嵌入维 $d = 8$，同时取时间延迟为 1，采用混沌一阶局域法实现预报，预报结果如图 3-17 所示。

由图 3-17 可知预报数据基本与实际数据相吻合。当延长预测步长时，预报误差迅速增大，因此混沌算法更适合于超短期风电功率预测。

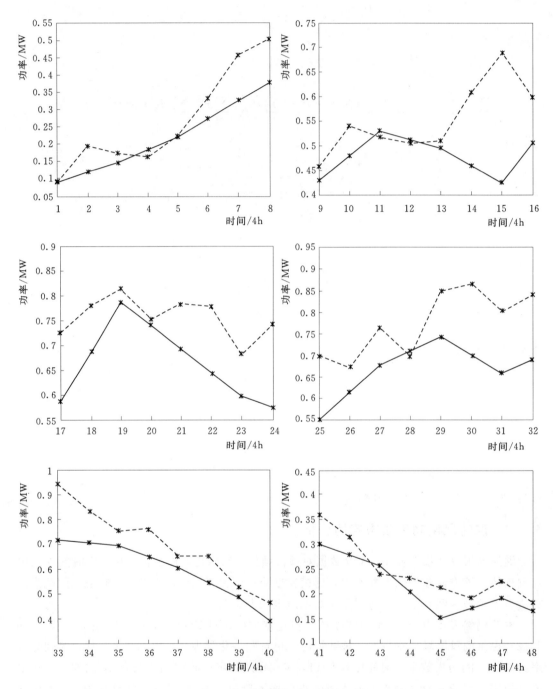

图 3-17 混沌算法预报效果图

注：─*─表示实际发电功率；-*-表示预报发电功率。

3.5　小　　结

本章首先介绍了风电功率统计模型的建模思想、特点，然后分别介绍了当前比较流行、并在实践中证明有效的三种统计模型即神经网络、支持向量机和混沌预报算法的原理、建模工具与建模过程，并用于风电功率预测实践，证明了以上算法的有效性。在实际应用中，通常将以上方法根据情况混合使用，可有效提高预测精度。以上统计模型所在的数据挖掘、人工智能领域也是当前学术界热点，未来的成果也将为风电功率预测精度的提高奠定坚实的理论基础。

第4章　风电功率预测系统的功能与结构

4.1　风电功率预测系统的基本功能

4.1.1　建模基础数据要求

1. 风电场历史功率数据要求

（1）投运时间不足 1 年的风电场应包括投运后的所有历史功率数据，时间分辨率不小于 5min。

（2）投运时间超过 1 年的风电场的历史功率数据应不少于 1 年，时间分辨率应不小于 5min。

2. 测风塔历史数据要求

（1）测风塔位置应具有良好的代表性，可反映风电场所处区域的风能资源特性。

（2）应至少包括 10m、50m 及轮毂高度的风速和风向以及气温、气压等信息。

（3）应为最近两年内的数据，有效时长应不少于 1 年。

（4）数据的时间分辨率应不小于 10min。

3. 风电机组信息要求

风电机组信息应包括风电机组类型，每类风电机组的单机容量、轮毂高度、叶轮直径、功率曲线、推力系数曲线，每台风电机组的首次并网时间、位置（经、纬度）、海拔等。

4. 风电机组/风电场运行状态记录

风电机组状态数据应包括风电机组故障和人为停机记录以及风电场开机容量和功率调控记录，所有状态记录应同时包含对应的起始时间。

5. 地形和粗糙度数据要求

（1）地形数据应包括对风电场区域内 10km 范围内地势变化的描述，格式宜为 CAD 文件，比例尺宜不小于 1：5000。

（2）粗糙度数据应通过实地勘测或卫星地图获取，包括对风电场所处区域 20km 范围内地表（包括陆面、植被和水面）粗糙度的描述。

4.1.2　数据采集与处理

1. 数据采集范围

数据采集至少应包括数值天气预报数据、测风塔实时测风数据、风电场实时功率数据、机组状态数据和计划开机容量数据。

2. 数据采集要求

（1）所有数据的采集应能自动完成，并支持通过手动方式补充录入。

（2）测风塔实时测风数据时间延迟应小于 5min，其余实时数据的时间延迟应小于 1min。

（3）数值天气预报数据应满足以下要求：

1）应至少包括次日零时起未来 72h 的数值天气预报数据，时间分辨率为 15min。

2）数据应至少包括 3 个不同层高的风速、风向及气温、气压、湿度等参数。

3）宜每日至少提供 2 次数据天气预报数据。

（4）风电功率预测系统所用的测风塔实时测风数据应满足以下要求：

1）测风塔至风电功率预测系统的实时测风数据传送时间间隔应不大于 5min。

2）测风塔宜在风电场外 1～5km 范围内且不受风电场尾流效应影响，宜在风电场主导风向的上风向，位置具有代表性。

3）采集量应至少包括 10m、50m 及轮毂高度的风速和风向以及气温、气压等信息，宜包括瞬时值和 5min 平均值。

4）风电场的测风塔到场站端预报系统的数据传输宜采用光纤传输方式。

5）电网调度机构的风电功率预测系统所用的测风数据应通过电力调度数据网由风电场上传。

6）风电场的测风塔至风电功率预测系统的数据传输应采用可靠的无线传输或光纤传输等方式。

7）测风塔数据可用率应大于 99%。

（5）风电场实时功率数据的采集周期应不大于 1min，应取自风电场升压站计算机监控系统。

（6）风电机组状态数据的采集周期应不大于 15min，应通过电力调度数据网由风电场计算机监控系统上传。

（7）风电场计划开机容量数据应与数值天气预报数据相对应，其中：

1）场站端风电功率预测系统的计划开机容量数据应手动录入。

2）调度端风电功率预测系统的计划开机容量数据应通过电力调度数据网由风电场上传。

3. 数据的处理

（1）所有数据存入数据库前应进行完整性及合理性检验，并对缺测和异常数据进行补充和修正。

（2）数据完整性检验应满足：

1）数据的数量应等于预期记录的数据数量。

2）数据的时间顺序应符合预期的开始、结束时间，中间应连续。

（3）数据合理性检验应满足：

1）对功率、数值天气预报、测风塔等数据进行越限检验，可手动设置限值范围。

2）对功率的变化率进行检验，可手动设置变化率限值。

3）对功率的均值及标准差进行检验。

4）对测风塔不同层高数据进行相关性检验。

5）根据测风数据与功率数据的关系对数据进行相关性检验。

（4）缺测和异常数据应按下列要求处理：

1）以前一时刻的功率数据补全缺测的功率数据。

2）以装机容量替代大于装机容量的功率数据。

3）以零替代小于零的功率数据。

4）以前一时刻功率替代异常的功率数据。

5）测风塔缺测及不合理数据以其余层高数据根据相关性原理进行修正；不具备修正条件的用前一时刻数据替代。

6）数值天气预报缺测及不合理数据用前一时刻数据替代。

7）所有经过修正的数据以特殊标示记录。

8）所有缺测和异常数据均可由人工补录或修正。

4．数据的存储

数据存储应符合下列要求：

（1）存储系统运行期间所有时刻的数值天气预报数据。

（2）存储系统运行期间所有时刻的功率数据、测风塔数据，并将其转化为 15min 平均数据。

（3）存储每次执行的短期风电功率预测的所有预测结果。

（4）存储每 15min 滚动执行的超短期风电功率预测的所有预测结果。

（5）预测曲线经过人工修正后存储修正前后的所有预测结果。

（6）电网调度机构的风电功率预测系统应存储风电场上报的所有预测结果。

（7）所有数据至少保存 10 年。

4.1.3　预测功能要求

1．总体要求

应根据风电场所处地理位置的气候特征和风电场历史数据情况，采用适当的预测方法构建特定的预测模型进行风电场的功率预测。根据预测时间尺度的不同和实际应用的具体需求，宜采用多种方法及模型，形成最优预测策略。

2．预测对象和内容

（1）预测的基本单位为单个风电场。

（2）风电场的风电功率预测系统应能预测本风电场的输出功率。

（3）电网调度机构的风电功率预测系统应能预测单个风电场至整个调度管辖区域的风电输出功率。

3．预测的类别

（1）短期风电功率预测。预测次日零时起 3 天的风电输出功率，时间分辨率为15min。对短期风电功率预测，要求能够设置每日预报的启动时间及次数，并能支持自动预报和手动预报。

（2）超短期风电功率预测。预测未来 0～4h 的风电输出功率，时间分辨率不小于

15min。对超短期风功率预测，要求每 15min 自动执行一次预报。

4．其他要求

（1）应支持设备故障、检修等出力受限情况下的功率预测。

（2）应支持风电场扩建情况下的功率预测。

（3）应支持多源数值天气预报数据的集合预报。

（4）应能对预测曲线进行误差估计，预测给定置信度的误差范围。

4.1.4 数据的统计分析要求

1．基本数据的统计分析

基本数据的统计分析应满足以下要求：

（1）参与统计数据的时间范围应能任意选定。

（2）历史功率数据统计应包括数据完整性统计、分布特性统计、变化率统计等。

（3）历史测风数据、数值天气预报数据统计应包括完整性统计、风速分布统计、风向分布统计等。

（4）风电场运行参数统计应包括发电量、有效发电时间、最大出力及其发生时间、同时率、利用小时数及平均负荷率等参数的统计，并支持自动生成指定格式的报表。

2．数据的相关性分析

应能对历史功率数据、测风数据和数值天气预报数据进行相关性统计，分析数据的不确定性可能引入的误差。

3．误差的统计分析

误差的统计分析应满足以下要求：

（1）应能对任意时间区间的预测结果进行误差统计。

（2）应能对多个预测结果分别进行误差统计。

（3）误差统计指标至少应包括均方根误差、平均绝对误差、相关性系数、最大预测误差等。

4.1.5 软件界面要求

1．数据展示界面

（1）应支持单个和多个风电场实时出力监视，以地图的形式显示，包括风电场的分布、风电场的实时功率及预测功率。

（2）应支持多个风电场出力的同步监视，宜同时显示系统预测曲线、实际功率曲线及预测误差带；电网调度机构的风电功率预报系统还应能够同时显示风电场上报预测曲线。实际功率曲线应实时更新。

（3）支持不同预测结果的同步显示。

（4）应支持数值天气预报数据、测风塔数据、实际功率、预测功率的对比，提供图形、表格等多种可视化手段。

（5）应支持时间序列图、风向玫瑰图、风廓线以及气温、气压、湿度变化曲线等气象图表展示。

（6）应支持统计分析数据的展示。

（7）监视数据更新周期应不大于 5min。

2. 软件操作界面

（1）应具备开机容量设置、调度控制设置及查询页面。

（2）应支持异常数据定义设置，支持异常数据以特殊标识显示。

（3）应支持预测曲线的人工修改。

（4）应具备系统用户管理功能，支持用户级别和权限设置，至少应包括系统管理员、运行操作人员、浏览用户等不同级别的用户权限。

（5）应支持风电场基本信息的查询。

3. 其他要求

（1）应具备数据下载、传输、处理、计算等不同环节运行状态监视界面，实时显示系统运行状态。

（2）所有的表格、曲线应同时支持打印输出和电子表格输出。

4.1.6 安全防护要求

（1）电网调度机构和风电场的风电功率预测系统均应运行于电力二次系统安全区 Ⅱ。

（2）风电功率预测系统应满足电力二次系统安全防护规定的要求。

4.1.7 数据上报要求

（1）电网调度机构的风电功率预测系统每日至少应提供 1 次次日 96 点单个风电场和区域风电功率预测数据；每 15min 提供一次未来 4h 单个风电场风电功率预测数据，预测值的时间分辨率为 15min。

（2）风电场的风电功率预测系统应根据调度部门的要求向调度机构的风电功率预测系统至少上报次日 96 点风电功率预测曲线；每 15min 上报一次未来 4h 超短期预测曲线，预测值的时间分辨率不小于 15min。

（3）风电场的风电功率预测系统向调度机构上报风电功率预测曲线的同时，应上报与预测曲线相同时段的风电场预计开机容量。

（4）场站端风电功率预测系统应能够像调度端风电功率预测系统一样，可实时上传风电机组运行状态数据，时间分辨率不小于 15min。

（5）风电场的风电功率预测系统应能够向调度机构的风电功率预测系统实时上传风电场测风塔的测风数据，时间分辨率不小于 5min。

4.1.8 性能要求

（1）风电功率预测单次计算时间应小于 5min。

（2）单个风电场短期预测月均方根误差应小于 20%，超短期预测第 4h 预测值月均方根误差应小于 15%，限电时段不参与统计；短期预测的月合格率应大于 80%，超短期预测月合格率应大于 85%。均方根误差的定义为

$$RMSE = \sqrt{\frac{1}{n}\sum_{i=1}^{n}\left(\frac{P_{mi}-P_{ni}}{C_i}\right)^2}$$

式中　　P_{mi}——i 时段的实际平均功率；

P_{ni}——i 时段的预测功率；

C_i——i 时段的开机总容量；

n——所有样本个数。

（3）系统月预测数据可用率应大于 99%。

4.2　风电功率预测系统的硬件设计

硬件是实现系统功能的基础，良好的硬件设计须在保证系统可靠运行的基础上，提高系统的运行效率，并控制系统造价和日常运行成本。为实现风电功率预测系统的基本功能，系统的硬件部分可被分为以下子系统：主机和通信系统、测风塔系统、安全防护系统等。

4.2.1　典型硬件设计方案

风电功率预测系统典型硬件设计方案，如图 4-1 所示。风电场通信室设备、风电功率预测系统相关设备以及外网设备（如数值天气预报的数据来源）分别配置在安全Ⅰ区、安全Ⅱ区和安全Ⅲ区，各区之间使用网络安全防护系统进行隔离，特别是将外网与内网进行隔离，增加了系统运行的稳定性。

气象服务器通过接收数值气象预报数据并进行加工处理后，经反向隔离器将其传送至风电功率预测服务器，功率预测服务器通过防火墙与升压站和风电场风电机组监控系统相连，进行实发功率的采集、存储、统计、分析工作，风电功率预测服务器根据接收的数值气象数据、实时测风塔数据、风电机组数据进行并行计算处理，可以得到 168h 中期功率预测和未来 4h 超短期功率预测曲线。

下文将分别对各子系统的结构和功能要求进行介绍。

4.2.2　主机和通信系统

通常情况下，风电功率预测系统的主机都需要配置 2 台服务器：数据服务器与应用服务器，数据服务器安装商业数据库系统，用于存储历史数据；应用服务器用于接收实时测风塔数据、数值天气预报数据和实时功率数据，同时，为保障系统的安全性，同时满足电网对风电安全性要求，对从外网接受的数值天气预报数据需加装方向网络隔离装置，以保证系统的安全性。

通信系统的功能要求：风电功率预测系统应具有灵活的通信接口，支持如以太网、RS232 和 RS485 等多种通信方式，并可以和国内外众多风电机组运行后台系统、风电场升压站后台 SCADA 系统等建立数据交互，支持各类标准协议和非标准规约，可与各地调、省调及风电功率预测集控系统建立数据通信。

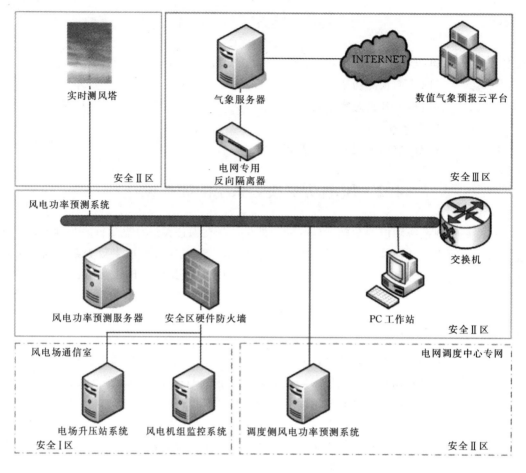

图 4 - 1　风电功率预测系统典型设计方案

具体而言应满足以下功能要求：

（1）支持国内外众多的标准协议，如：CDT91、Modbus、DL645、IEC870 - 5 - 101/102/103/104 等。

（2）支持本地和远程 OPC 方式通信，兼容 1.0、2.0 规范。

（3）支持各类非标准规约的定制开发。

（4）支持各类文件如 ＊.txt、＊.ini、＊.xml 等的传输。

（5）支持各种关系数据库的数据交互，如：Sybase、DB2、SQL server 和 Oricle 等，兼容各类表和视图。

4.2.3　测风塔系统

4.2.3.1　技术要求

1. 总体要求

（1）测风塔是保证风电功率预测精度的重要技术设备，各风电场须按照相关要求完成测风塔建设，实现测风塔数据的实时上传。

（2）风电场应保证测风塔实时数据采集、传输、上送各环节装置及设备的安全可靠运行。各环节均不允许造成信息安全隐患。

（3）风电场测风塔实时数据除作为本地风电功率预测的基础数据外，还应上传至上级调度部门。

2. 气象要素采集的技术要求

风电功率预测系统中气象要素采集技术要求包括测风塔位置、测量高层、测量要素、测量设备、设备安装、测量数据采集、数据上报格式 7 个方面。

（1）测风塔位置。

1）测风塔位置应在风电场 5km 范围内且不受风电场尾流影响，宜在风电场主导风向的上风向。

2）测风塔数量：根据风电场地形地貌、气候特征和装机容量确定测风塔数量。

（2）测量高层。

1）风速风向需要 4 层测量高层，即测风塔 10m、30m 高层，风电机组的轮毂中心高层和测风塔最高层。

2）温度、湿度、气压需要 1 层测量高层。

（3）测量要素。

1）5min 平均风速。每秒采样一次，自动计算和记录每 5min 的平均风速，单位为 m/s。

2）每小时平均风速。通过 5min 平均风速值获取每小时的平均风速，单位为 m/s。

3）极大风速。每 3s 采样一次的风速的最大值，单位为 m/s。

4）风向采样。与风速同步采集的该风速的风向。

5）风向区域。所记录的风向都是某一风速在该区域的瞬时采样值。风向区域分 16 等分时，每个扇形区域含 22.5°；也可以采用多少度来表示风向。

6）气温。每 5min 采样并记录采集现场的环境温度，单位为 ℃。

7）相对湿度。每 5min 采样并记录采集现场的环境湿度，单位为 RH%。

8）气压。每 5min 采样并记录采集现场的气压，单位为 hPa。

（4）测量设备。

测风设备主要是各类测风传感器，测风传感器应通过气象计量部门的检验，使用期间免维护，无需用户做参数标定。测风传感器包括风速传感器、风向传感器、温度计、湿度计、压力计等，其技术参数要求见本书附录 1。

（5）设备安装。

1）测风塔。测风塔结构可选择桁架型或圆管型等不同形式，高度应不低于风电机组的轮毂高度。测风塔应具备在现场环境下结构稳定，风振动小等特点；并满足防腐、防雷电要求。

2）测风传感器。测风传感器应固定在桁架型结构测风塔直径的 3 倍以上、圆管型结构测风塔直径的 6 倍以上的牢固横梁处，迎主风向安装（横梁与主风向成 90°），并进行水平校正。风向标应根据当地磁偏角修正，按实际"北"定向安装。

安装数据采集器时，数据采集安装盒应固定在测风塔上适当位置，或者安装在现场的临时建筑物内；安装盒应防水、防冻、防腐蚀和防沙尘。

3）温度计。温度计应安装在近地高层百叶箱内。

4）湿度计。湿度计应安装在近地高层百叶箱内。

5）压力计。压力计应安装在近地高层处。

（6）测量数据采集。

1）风速风向。风速的采样速率为每秒钟 1 次，计算 5min 的算术平均值和 5min 的风速标准偏差；以 5min 平均值计算小时平均值。风向的采样速率为每秒钟 1 次，计算 5min 的矢量平均值。

2）温度、湿度、气压。温度、湿度、气压的采样速率为每 10s 1 次，计算 5min 的算术平均值。

3）数据采集器。以上各类数据采集器的技术参数应满足的要求见附录。

4）数据采集器供电电源。数据采集器的电源设计应保证不间断的可靠供电，可采用蓄电池与太阳能电板的配套供电方式。

（7）数据上报格式。

1）数据种类。需上报的测量值的具体数据类型及数据精度见表 4-1。

表 4-1　测风塔上报数据类型及数据精度

数 据 类 型	数 据 精 度
测风塔号	整数，测风塔的唯一性标识
时标	日期时间类型，精确到秒
第 1 层（最低层）平均风速	浮点数，保留两位小数
第 1 层平均风向	浮点数，保留两位小数（矢量平均）
第 1 层风速标准差	浮点数，保留两位小数
第 1 层每 5min 整点时刻的风速	浮点数，保留两位小数
第 1 层每 5min 整点时刻的风向	浮点数，保留两位小数（矢量平均）
第 1 层风速极大值	浮点数，保留两位小数
第 2 层平均风速	浮点数，保留两位小数
第 2 层平均风向	浮点数，保留两位小数（矢量平均）
第 2 层风速标准差	浮点数，保留两位小数
第 2 层每 5min 整点时刻的风速	浮点数，保留两位小数
第 2 层每 5min 整点时刻的风向	浮点数，保留两位小数（矢量平均）
第 2 层风速极大值	浮点数，保留两位小数
第 3 层平均风速	浮点数，保留两位小数
第 3 层平均风向	浮点数，保留两位小数（矢量平均）
第 3 层风速标准差	浮点数，保留两位小数
第 3 层每 5min 整点时刻的风速	浮点数，保留两位小数
第 3 层每 5min 整点时刻的风向	浮点数，保留两位小数（矢量平均）
第 3 层风速极大值	浮点数，保留两位小数

数 据 类 型	数 据 精 度
第 4 层（最高层）平均风速	浮点数，保留两位小数
第 4 层平均风向	浮点数，保留两位小数（矢量平均）
第 4 层风速极大值	浮点数，保留两位小数
第 4 层风速标准差	浮点数，保留两位小数
第 4 层每 5min 整点时刻的风速	浮点数，保留两位小数
第 4 层每 5min 整点时刻的风向	浮点数，保留两位小数（矢量平均）
温度	浮点数，保留两位小数
湿度	浮点数，保留两位小数
气压	浮点数，保留两位小数
数据采集器中断信号	浮点数，0 表示正常，1 表示故障
数据采集器电源告警	浮点数，0 表示正常，1 表示故障

2）数据传输。所有测量值需要以不大于 5min 的时间间隔实时传输到风电场或中心站监测端，数据延迟不超过 2min。

3. 测风塔实时通信的技术要求

测风塔数据采集系统建设要满足施工简单、数据实时性好、安全性高、设备维护工作量少的要求。测风塔通信系统解决方案如下：

（1）测风数据采集器通常可采用 RS232 接口，经 RS232/光纤转换器后，通过专有光纤线路将测风塔数据传输至升压站主控室的测风塔数据处理装置接收。测风塔数据处理装置将测风塔数据发送给远动装置（或监控系统的规约转换器），再由远动装置将风电场电气数据与测风塔数据整合，上送上级调度部门能源管理系统（EMS）。

（2）测风塔数据处理装置与远动装置（或监控系统的规约转换器）的数据传输协议宜采用 ModBUS 协议，具体实施方案由承建单位与升压站监控系统设备厂家共同制定。

该方案应配套一台便携机，对数据采集器进行远程参数设置及数据通信测试。测风塔通信系统示意如图 4-2 所示。

测风塔设备技术参数要求详见附录。

4.2.3.2 防雷措施

测风塔高度较高，且本身建设在风能资源丰富的迎风坡、山顶、旷野、风口等雷暴多发区，极易遭受雷击，严重影响观测设备正常工作。因此测风塔在建设时要增设防雷设施，防止雷击对测风塔正常工作的影响。

1. 雷击对观测设备损坏途径及方式

由于测风塔本身较高，经分析，对观测设备造成损坏主要有直击雷和闪电感应两方面。

（1）直击雷主要破坏力在于电流特性，雷电击中观测设备时，强大的雷电流可对设备造成直接损坏，从而影响观测设备正常工作。

（2）闪电感应是雷电在雷云之间或雷云对地放电时，在附近的传输信号线路、埋地电

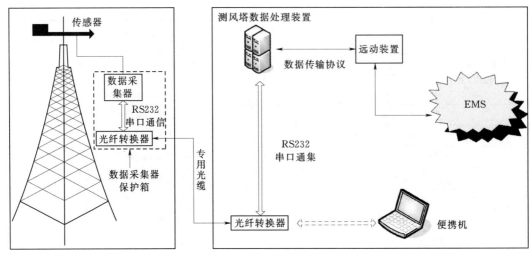

（a）风电场测风塔　　　　　　　　　　　（b）升压站主控室

图 4-2　测风塔通信系统示意图

力线、设备间连接线产生电磁感应并经过数据采集馈线侵入设备，使串联在线路中间或终端的电子设备遭到损害。闪电感应虽然没有直击雷猛烈，但其发生的概率比直击雷高得多。闪电感应的破坏也被称为二次破坏。雷电流变化梯度很大，会产生强大的交变磁场，使得周围的金属构件产生感应电流，这种电流可能向周围物体放电，感应到正在联机的导线上就会对设备产生强烈的破坏性。

2. 防护设备一：避雷针

测风塔按高度一般有 70m、100m 和 120m 三种类型。由于测风塔高度较高，其高度超过第三类防雷建筑物滚球半径，且建设位置多为雷雨高发区，对避雷针的设计方式如下：

（1）塔顶接闪杆。在 70m、100m、120m 三种类型的测风塔顶部统一安装 1 支 4.5m 的接闪杆，当雷暴云形成高度较高时，此接闪杆用于接闪垂直方向的闪电先导。

（2）横臂接闪杆。在塔顶横臂下方 0.5m 处安装 2 只与横臂平行的接闪杆，接闪杆的长度为 4m，作为测风塔顶部横向接闪装置（图 4-3），当雷暴云形成高度较低（由于多数测风塔安装在山顶，雷暴云形成低于测风塔高度），此时该横向臂接闪杆用于接闪侧击发生的闪电先导，减少由于侧击对横臂设备造成直击雷损坏。

（3）利用塔体拉线作为接闪线。三种类型的测风塔安装有风速风向、气压、温湿度等观测仪器，分别在 10m、30m、50m、70m、100m、120m 高度层面上，且固定在设备横臂顶端，设备横臂伸出塔体 3m。

三种类型的测风塔塔体拉线设置如下：

1）70m 塔拉线安装在 15.5m、33.5m、48.5m、63.5m。

2）100m 塔拉线安装在 22.5m、54.5m、90m。

3）120m 塔拉线安装在 27m、67.5m、108m。

测风塔拉线分别以 120° 布设在不同水平方向，拉线与地平面成 50°，除顶层设备层

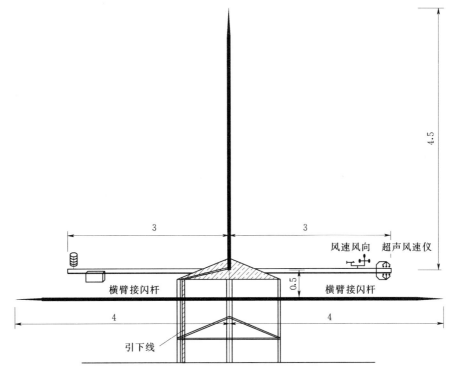

图 4-3　避雷针安装图（单位：m）

外，其他设备层均处在拉线下方，设备层与拉线在水平位置上成 30°，利用测风塔拉线作为侧击雷防护避雷针（70m 拉线材料为 ϕ16mm 钢丝绳，100m 拉线材料为 ϕ22mm 钢丝绳，120m 拉线材料为 ϕ24mm 钢丝绳），减小由于侧击对设备造成的直接损坏。

3. 防护设备二：引下线

考虑到测风塔是分段组装，为保证雷电流可靠泄流，每座测风塔设置 1 根独立引下线，引下线采用 40mm×4mm 镀锌扁钢，通长焊接，并保持良好的电气连通，焊接点是扁钢宽度的 2 倍，并在焊接点均匀刷防锈漆，塔顶接闪杆与引下线、引下线与测风塔基础均采用焊接；在基础上设置 4 条外引接地扁钢，用于连接敷设的人工接地网。当遭受雷击时，拉线可作为雷电流泄流引下线（70m 拉线材料为 ϕ16mm 钢丝绳，100m 拉线材料为 ϕ22mm 钢丝绳，120m 拉线材料为 ϕ24mm 钢丝绳）。

4. 防护设备三：接地装置

接地在整个防雷系统中起着至关重要的作用，当避雷针接闪到雷电流后须迅速通过引下线、接地体将雷电流泄放入地，如果接地电阻过高，雷电流不能迅速泄放，势必对设备带来危害。

参照《气象台（站）防雷技术规范》（QX 4—2015）规定：接地体的接地电阻值不宜大于 4Ω，处在高山、海岛等岩石地面土壤电阻率大于 1000Ω·m 的气象台（站），接地体的阻值可适当放宽，但应围绕基础接地体敷设环形接地网，环形地网等效半径不应小于 5m，并使用 4 根以上导体与基础地网连接。

由于我国疆域广阔，由南至北，从东到西地理、地形、地质条件差异很大，使得其土壤电阻率与不尽相同，所以将测风塔土壤分为两种情况设计：①第一类：土壤电阻率 $\rho \leqslant 1000\Omega \cdot m$；②第二类：土壤电阻率 $\rho > 1000\Omega \cdot m$。因此测风塔接地电阻值依据不同情况须满足：

　　（1）在地质条件复杂的情况下，即第一类时，应尽量将接地电阻降低到最低，同时应接地网应敷设成环形，当受其地理、地质条件的限制时，可采取其他有效措施，降低接地电阻。

　　（2）第二类时，接地电阻不应大于 4Ω。

　　为有效利用基础作为自然接地体，在测风塔基础垫层下，基础对角上分别打入 2 根 $50mm \times 50mm \times 5mm$ 角钢，作为垂直接地体，并应根据当地地质情况，埋设深度应尽量长。角钢与测风塔基础及塔体应保证有良好的电气通路。

　　当采用测风塔基础作为自然接地体，不能满足接地电阻的需求时，可根据各地区的具体情况，增设人工垂直接地体和人工水平接地体，当须敷设人工接地体降低接地电阻值时，人工接地体敷设成环形。具体施工方法应根据各测风塔所建地具体情况进行合理施工，所敷设的人工接地体在土壤中的埋设深度不应小于 0.5m，并应埋设在冻土层以下。所有接地体的焊接处均应做防腐处理。

　　接地电阻的计算有以下两种情况：

　　（1）垂直接地体接地电阻值计算公式为

$$R = \frac{\rho}{2\pi l} \ln \frac{4l}{d}$$

式中　　ρ——土壤电阻率，$\Omega \cdot m$；

　　　　l——垂直接地体长度，m；

　　　　d——垂直接地体的直径或等效直径，m。

　　（2）水平接地体接地电阻值的计算公式为

$$R = \frac{\rho}{2\pi l} \left(\ln \frac{l^2}{hd} + A \right)$$

式中　　ρ——土壤电阻率，$\Omega \cdot m$；

　　　　l——水平接地体的长度，m；

　　　　h——水平接地体的埋深，m；

　　　　d——水平接地体的直径或等效直径，m；

　　　　A——水平接地体的形状系数。

　　施工过程中，接地体材料与土壤接触，会产生过渡电阻，工程应用中，当采用普通热镀锌钢材作为垂直接地体时，垂直接地体和土壤总会有一定的缝隙，并未完全接触到土壤，使得过渡电阻升高，从而影响整个地网接地电阻。

　　在垂直接地体施工时，采用手扶垂直接地极，可减小捶打时由于振动造成的与土壤接触不充分问题，当缝隙较大时，还可用松软的细土填充缝隙，填充时可加入少量水，最后用大锤夯实周围土壤；在回填水平接地体时，先回填少量松软细土，后用大锤夯实再进行完全回填砂石、砾石等电阻率较高的回填料，接地极敷设如图 4-4 所示。

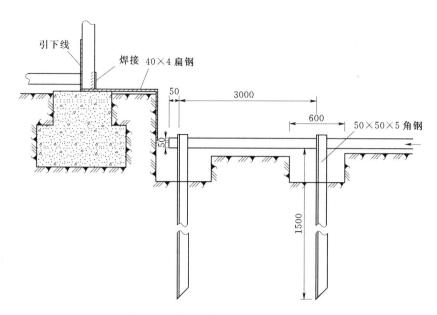

图 4-4 接地极敷设图（单位：mm）

（1）在施工之前，测出土壤电阻率，依据第一、第二类环形接地体的设计进行施工。在测量土壤电阻率时每测一次应变换一个方位并且多次测量以平均值为准。

（2）垂直接地体设计采用 50mm×50mm×5mm×1500mm 的热镀锌角钢，在具体施工过程中，可根据现场情况，如施工难度大，可用 φ20mm 的热镀锌圆钢替代热镀锌角钢使用，也可采用其他同类材质接地体。

（1）第一类环形接地体。

对于东部、东南部等沿海土质条件较好，土壤电阻率较低的地区（土壤电阻率 $\rho \leqslant$ 500Ω·m）。接地体采取以下敷设方式：

以测风塔基础边缘为准，用 40mm×4mm 的热镀锌扁钢设置一圈环形水平接地体，此环形水平接地体距测风塔基础边缘处 5m，并在设置的环形水平接地体上，每隔 3m 加装一根 50mm×50mm×5mm×1500mm 的热镀锌角钢，作为垂直接地体。在测风塔基础上设置 4 个接地点，并通过 40mm×4mm 的热镀锌扁钢连接到环形接地网上，且每隔 3m 加装一根 50mm×50mm×5mm×1500mm 的热镀锌角钢，如图 4-5 所示。

（2）第二类环形接地体。在西北戈壁、华南高山及个别土质条件极差的站点（土壤电阻率 $\rho > 1000$Ω·m），尤其是西北戈壁，土壤中含水量较少，土壤电阻率高，对雷电流泄放有很大影响，所以必须采取有效的措施来降低接地电阻值。同时，一些建设在高山、

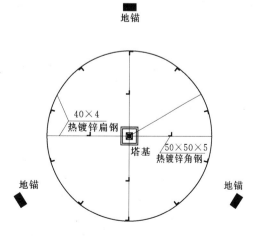

图 4-5 第一类环形接地体敷设（单位：mm）

岩石地的测风塔（土壤电阻率 $\rho > 1000\Omega \cdot m$），由于地理、地质条件的限制，应在考虑经济、合理性的基础上依据《气象台（站）防雷技术规范》（QX 4—2015）规定：处在高山、海岛等岩石地面土壤电阻率大于 $1000\Omega \cdot m$ 的气象台（站），接地体的阻值可适当放宽，但应围绕基础接地体敷设环形接地网，环形地网等效半径不应小于 5m，并使用 4 根以上导体与基础地网连接，接地体采取以下敷设方式：

以测风塔基础边缘为准，用 40mm×4mm 的热镀锌扁钢设置 2 圈环形水平接地体，靠外侧的环形水平接地体距测风塔基础边缘处 10m，靠内侧的环形水平接地体距测风塔基础边缘处 5m。在所敷设的环形水平接地体上，每隔 3m 加装一根 50mm×50mm×5mm×1500mm 的热镀锌角钢，作为垂直接地体。在测风塔基础上设置 4 个接地点，并通过 40mm×4mm 的热镀锌扁钢连接到环形接地网上，且每隔 3m 加装一根 50mm×50mm×5mm×1500mm 的热镀锌角钢。此时当地锚设置在人工环形接地体外时，宜将靠测风塔侧的一级地锚采用 40mm×4mm 的热镀锌扁钢与环形接地网连接起来，如图 4-6 所示。由于施工难度等影响，可采用直径 20mm 以上的圆钢或钢管替代角钢使用。在施工过程中可结合当地具体情况，采取加设离子接地棒结合降阻剂、深埋接地体、换土等其他有效措施降低接地电阻。

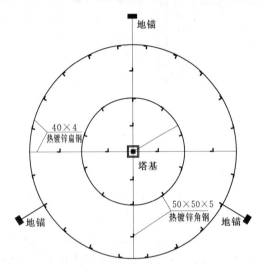

图 4-6　第二类环形接地体敷设（单位：mm）

5. 防护设备四：雷电过电压保护

（1）屏蔽。为减小雷击电磁脉冲和感应过电压对设备带来的损害，所有线缆采用金属铠装线缆。将各种采集线缆穿屏蔽槽进入设备端，屏蔽槽应沿测风塔内侧敷设，两屏蔽槽的连接处采取跨接处理，跨接线缆采用 162mm 的铜芯线，保证屏蔽槽在跨接处有良好的、可靠的电气连接。金属铠装线缆屏蔽层两端就近做可靠电气接地处理。屏蔽槽每隔 20m 和测风塔进行一次可靠的电气连接。

（2）信号线路浪涌防护。为减小雷电过电压通过线缆对采集器造成损坏，在风速、风向、温湿度传感器、超声风速仪、气压传感器等线缆进入采集器前端设备位置处安装信号浪涌保护器，采取雷电过电压防护。

4.2.3.3　测风塔系统的选址方法

测风塔的选址对于风电场获取精确气象数据有重要影响，从而影响风电场功率预测系统的预测精度。在近地层，风的特性在空间上的分布是分散的，在时间上的分布是不稳定和不连续的；风速的大小、品位的高低受到风场地形、地貌等特征的影响。中国是个多山的国家，地形复杂多样，隆升、低凹等各种地形纵横交错；在此种地形下建设的风电场，近地风场情况也是非常复杂的。下文将对各种地形下的风速变化机理进行分析，并结合地质情况、海拔和主导风向等因素，总结出测风塔位置的选取方法。

1. 各种地形特征下的风速变化机理

（1）风电场地形分类。风电场建设区域的地形一般分为平坦地形和复杂地形。平坦地形是指在风电场区及周围 5km 半径范围内其地形高度差小于 50m，同时地形最大坡度小于 3°的地形。复杂地形指平坦地形以外的各种地形，可分为隆升地形和低凹地形。地形局部特征的变化对风的运动有很大的影响，这种影响在总的风能资源图上无法表示出来，需根据实际情况作进一步的分析。

（2）地面粗糙度对风速的影响。在近地层中，由于受地面粗糙度的影响，风速随高度的增加而增大，地面粗糙度越大，风垂直切变越大。

（3）障碍物对风速的影响。气流流过障碍物时，障碍物下游会形成尾流扰动区，风速降低，同时还产生湍流；扰动区的长度约为 17H（H 为障碍物高度）。在障碍物的上风向和其外侧，也将造成湍流涡动区。

（4）平坦地形上的气流运动。平坦地形在场址范围内同一高度层上风速分布是均匀的，风廓线仅与地面粗糙度有关。

（5）隆升地形（山脊、山丘）上的气流运动。盛行风向与山脊脊线成正交时，气流加速最大，倾斜时加速作用减弱；在脊峰处气流速度达到最大。脊线平行于盛行风向时，加速效果最差，但仍大于来流速度。

盛行风向吹向山脊的凹面时，会产生狭管作用使气流增速；反之凸面朝盛行风向，会使气流绕山脊偏转，减少加速作用。

当气流经过剖面为三角形或圆形的山脊时，三角形的山脊顶部产生的加速度最大，圆弧形的山脊次之，钝形的山脊最差。

气流在山脊的两肩部或迎风坡半山腰以上，加速作用明显，在山脊的顶部处气流加速达到最大，气流在山脊的根部处，风速显著地减少，低于山前来流的风速。

气流在顶部平坦的山脊上往往存在着危险的风切变区，山脊的背风侧常会形成紊流区，属于危险气流区。

气流吹向孤立山丘时，在迎风坡上气流显著加速，在山顶风速达到最大，在山丘的背风面，风速降低。

（6）低凹地形（山谷）的气流运动。在山谷轴线与盛行风向一致，盛行风畅通无阻，在谷内气流有显著的加速效应，气流不断加速。

在山谷轴线与盛行风向垂直时气流受到地形的阻碍，风速减弱，可能会出现强的风切变或湍流。

注：盛行风向是指山谷出入口外上风向的主导风向，非谷内气流方向。

2. 测风塔的选址流程、方法和注意事项

（1）风电场地形分析。对于在宏观选址已确定的风电场区域，首先获取 1：50000 的风电场区域地形图，根据风电场区域给定的各个拐点坐标，确定风电场在地形图上的具体位置，并扩展到外沿 5km 的半径范围，根据等高线、疏密和弯曲形状以及标注的高程等对风电场的地形地貌进行分析，确定风电场区域内的高差和坡度，找出影响风力变化的地形特征，如高山、丘陵以及其他障碍物。

（2）测风塔选址及安装要求。风电场测风塔安装时应设在最能代表风电场风能资源的位置上，需远离高大树木和障碍物，如果测风塔必须位于障碍物附近，则在盛行风向的下风向与障碍物的水平距离不应小于该障碍物高度的 10 倍处安装，如果测风塔必须设立在树木密集的地方，则至少应高出树木顶端 10m。

（3）平坦地形测风塔的选址。根据平坦地形气流运动机理，具有均匀粗糙度的平坦地形在场中央安装测风塔即可。地表粗糙度发生变化时风廓线的形状分为上下两部分，分别对应上、下游地表的风廓线形状，在中间衔接发生急剧变化；测风塔应避开此类地区，在地表粗糙度变化前和变化后分别安装测风塔。对有障碍物时，测风塔安装时应避开盛行风向的上风向、障碍物的外侧和尾流区，防止湍流使得测风数据偏小，失去真实性。

（4）复杂地形测风塔的选址。

1）隆升地形。由隆升地形气流运动特点可看出，在盛行风向吹向隆升地形时，山脚风速最小，山顶风速最大，半山坡的风速趋于中间，均不能代表风场的风速，故应在山顶、半山坡和山脚的来流方向分别安装测风塔。

2）低凹地形。由低凹地形的气流运动机理可看出，只有在盛行风向与低凹地形的走向一致，低凹地形内的气流方能加速，适宜建设风电场，否则谷内的气流变化较复杂，不宜建设风电场；故应将测风塔设在低凹地形盛行风向的上风入口处，测风数据才具有代表性，然后根据气流运动机理和风速场数学模型估测出其他地段的风速。

（5）地质情况对测风塔选址的影响。根据当地的水文地质资料，测风塔应避开土质较松、地下水位较高的地段，防止在施工中发生塌方、出水等安全事故。

4.2.4　安全防护系统

4.2.4.1　网络攻击的形式和传统防御策略的缺陷

互联网本身已发展成为一个巨大的电子空间，人们对它的依赖程度也越来越高，但是随着互联网协议和应用变得日益复杂，越来越多与之对应的攻击技术和工具大量出现。目前存在的攻击手段，可以归纳为几个种类：①计算机病毒；②特洛伊木马（Trojan Horses）；③后门（Trap Doom）；④隐蔽通道；⑤拒绝服务攻击（Denial of Service Attack）等。

网络漏洞和攻击存在的同时，也推动了信息安全防护技术的发展，尤其是防火墙技术、加密技术、鉴别技术、数字签名技术、内容检查技术和计算机病毒防治技术等。其中又以防火墙技术发展最为迅猛，应用最为广泛。按照实现原理的不同，防火墙产品目前主要分包过滤防火墙、状态检测包过滤防火墙和应用层代理防火墙。

各类防火墙产品在确保网络安全方面各有特色，但也有各自缺陷。如包过滤防火墙很容易受到如下攻击：①IP 欺骗攻击；②D.O.S 拒绝服务攻击；③分片攻击；④木马攻击。而状态检测包过滤防火墙则面临以下威胁：①协议隧道攻击；②利用 FTP-pasv 绕过防火墙认证的攻击；③反弹木马攻击。针对应用层代理防火墙从机理上来讲较前两种技术更为先进，协议检查也更深入。但由于应用层代理防火墙所采用的单系统设计，在内、外网络间都相当于代理机，一旦黑客利用漏洞攻破代理机，将长驱直入攻击内网，窃取机密数据。另外，防火墙都是根据访问控制规则来检测攻击行为，针对的都是已知的攻击手段。因而应用层代理防火墙并不能一劳永逸地解决安全问题，对层出不穷的未知攻击更是缺乏先天免疫能力。

4.2.4.2　安全隔离设备的定义

传统的网络安全措施在日新月异的网络攻击面前难以保证系统安全，要安全有效地屏蔽内部网络各种漏洞，保护内部网络不受攻击，最有效的办法是实现内、外网络间的安全隔离，从而提升内部网络的整体安全性。这就催生了网络安全隔离设备的出现。

网络安全隔离设备是一种通过专用的硬件使两个网络在不连通的情况下进行网络间的安全数据传输和资源共享的网络设备；因此，它有广阔的应用前景。已被美国、以色列等国家的军政、航天、金融等要害部门广泛应用。作为国际上最新的网络安全技术，网络安全隔离设备独特的硬件设计使它能够提供比防火墙更高的安全性能，可大大提高政府、金融、军队等高端用户的整体网络安全度。

网络安全隔离设备将可信任的内网和不可信任的外网进行隔离，因此必须保证内部网和外部网之间的通信均通过网络安全隔离设备进行，同时还必须保证网络安全隔离设备自身的安全性；网络安全隔离设备是实施内部网安全策略的一部分，保证了内部网的正常运行而不受外部的干扰。

4.2.4.3　网络安全隔离设备访问控制策略

访问控制策略是网络安全隔离设备的基础，它可以按如下两种逻辑来制订：

（1）默认禁止。访问控制规则没有明确允许的都禁止访问。

（2）默认允许。访问控制规则没有明确禁止的都允许访问。

可以看出，前一种逻辑限制性大，后一种逻辑则比较宽松。基于安全性考虑，网络安全隔离设备采用的是"默认禁止"访问控制策略。

4.2.4.4　网络安全隔离设备简介

1. 工作原理

网络安全隔离设备采用软、硬结合的安全措施。在硬件上，使用双机结构通过安全岛装置进行通信来实现物理上的隔离；在软件上，采用综合过滤、访问控制、应用代理技术实现链路层、网络层与应用层的隔离。在保证网络透明性的同时，实现对非法信息的隔离。

网络安全隔离设备通过开关切换及数据缓冲设施来进行数据交换。开关的切换使得在任何时刻两个网络没有直接连通，在某个时刻网络安全隔离设备只能连接到一个网络，而数据流经网络安全隔离设备时 TCP/IP 协议被终止，因此可以有效地防护利用网络进行的外部攻击。

网络安全隔离设备作为代理从外网的网络访问包中抽取出数据然后通过数据缓冲设施转入内网，完成数据中转。在中转过程中，网络安全隔离设备会对抽取的数据报文的 IP 地址、MAC 地址、端口号、连接方向实施过滤控制。由于网络安全隔离设备采用了独特的开关切换机制，因此，在进行过滤检查时网络实际上处于断开状态。通过严格检查，只有符合安全策略的数据才能进入内网，因此即使黑客强行攻击了网络安全隔离设备，由于攻击发生时内外网始终处于物理断开状态，黑客也无法进入内网。

网络安全隔离设备在实现物理隔断的同时允许可信的内部网络和不可信的外部网络之间的数据和信息进行安全交换。由于网络安全隔离设备仅抽取合法数据进入内网，因此，内网不会受到网络层的攻击，这就在物理隔离的同时实现了数据的安全交换。

2. 功能和特性

（1）具有物理隔离能力的硬件结构。由两个嵌入式计算机及辅助装置形成安全岛系统，并由安全半岛调度引擎实现安全轮渡，保证了内部网络和外部网络的物理隔离。

（2）软、硬结合的数据流向控制。经过安全隔离设备的数据流向控制可以通过安全策略实现软控制，通过物理开关实现硬控制，极大地保证了内部系统的安全。

（3）连接方向的控制。可对 TCP 连接进行方向控制，TCP 连接只能由内网主机建立连接，以保证内网主机不向外网提供网络服务。

（4）多级过滤的立体访问控制。多级过滤形成了立体的全面的访问控制机制。它可以在链路层根据 MAC 地址进行分组过滤，在 IP 层提供基于状态检测的分组过滤，可以根据网络地址、网络协议以及 TCP、UDP 端口进行过滤；在应用层通过应用代理提供对应用协议的命令、访问路径、内容等过滤；同时还提供用户级的鉴别和过滤控制。保证系统的安全性，提高防护能力，增强控制的灵活性。

（5）更强的防御功能。采用非 INTEL 系列的 RISC 处理器，减少被病毒攻击的概率，采用专门裁剪的 LINUX 内核，取消所有系统网络功能。不但提高了安全性，而且保证了高性能；

（6）支持实时报警。支持多种工作模式，包括无 IP 地址透明监听、网络地址转换、混合工作模式、双向网络地址转换（NAT）。可以支持无 IP 地址透明监听、网络地址转换、混合工作模式。隔离设备没有 IP 地址，非法用户无法对隔离设备本身进行网络攻击。同时双向 NAT，隐藏内部网络主机 IP 地址。不但便于实施，而且还提高了安全性能。

（7）真正实现了透明接入。网络安全隔离设备真正做到了透明接入；即在接入网络安全隔离设备后，不影响现有的网络应用的数据传输，正常使用网络的合法用户对本设备是不可感知的。

（8）维护管理安全方便。网络安全隔离设备配置非常简便，对它的操作及设置基本上只需使用规则配置管理工具就可以实现。如 StoneWall - 2000 网络安全隔离设备提供了两种不同的规则配置管理工具，即 GUI 管理工具和 CLI 管理工具。其中规则管理工具（GUI）是其专用配套程序。该管理器具有界面友好、直观、功能齐全、通俗易懂等特点，可以运行于 Microsoft Windows9X/Me/2000/XP 环境下。命令行方式是指使用设备提供的 Console 接口进行本地管理。该管理工具具有最高的安全级别，但是对管理员的要求比较高。

4.3 风电功率预测系统的软件设计

硬件是风电功率预测系统的肌体，而软件则是系统的灵魂。良好的软件设计可以充分发挥系统的性能，确保系统的易用性和稳定性，给用户带来良好的使用体验。本节将针对风电功率预报系统软件的基本功能、软件架构和开发工具、核心算法开发方法以及数据库等方面进行介绍。

4.3.1　基本功能

（1）高精度的风电功率预测，预测精度要求见《风电功率预测系统功能规范》（NB/T 31046—2013）。

（2）从测风塔和外网读入风电功率预测基础数据。

（3）基础数据和预测数据的安全存储。

（4）基础数据和预测数据的图形展示。

4.3.2　软件架构与开发工具

对于通常软件设计而言，C/S架构和B/S架构是两种经常采用的软件结构，下文将对这两种结构的概念、工作模式、优缺点和开发环境分别进行介绍。

4.3.2.1　C/S架构及其开发工具

C/S架构，即广为人知的客户端（Client）和服务器（Server）结构。它是软件系统体系结构，通过它可以充分利用两端硬件环境的优势，将任务合理分配到客户端和服务端来实现，降低了系统的通信开销。目前大多数应用软件系统都是形式的两层结构，由于现在的软件应用系统正在向分布式的Web应用发展，Web和C/S应用都可以进行同样的业务处理，应用不同的模块共享逻辑组件；因此，内部的和外部的用户都可以访问新的和现有的应用系统，通过现有应用系统中的逻辑可以扩展出新的应用系统，这也是目前应用系统的发展方向。

1. C/S架构的工作模式

C/S架构的基本原则是将计算机应用任务分解成多个子任务，由多台计算机分工完成，即采用"功能分布"原则。客户端完成数据处理，数据表示以及用户接口功能；服务器端完成DBMS（数据库管理系统）的核心功能。这种客户请求服务、服务器提供服务的处理方式是一种新型的计算机应用模式。

Client和Server常常分别处在相距很远的两台计算机上，Client程序的任务是将用户的要求提交给Server程序，再将Server程序返回的结果以特定的形式显示给用户；Server程序的任务是接收客户程序提出的服务请求，进行相应的处理，再将结果返回给客户程序。其基本工作流程示意如图4-7所示。

2. C/S架构的优点

C/S结构的优点是能充分发挥客户端PC机的处理能力，很多工作可以在客户端处理后再提交给服务器，对应的优点就是客户端响应速度快。具体表现如下：

（1）应用服务器运行数据负荷较轻。最简单的C/S体系结构的数据库应用由两部分组成，即客户应用程序和数据库服务器程序。两者可分别称为前台程序与后台程序。运行数据库服务器程序的机器，也称为应用服务器。一旦服务器程序被启动，就随时等待响应客户程序发来的请求；客户应用程序运行在用户自己的电脑上，对应于数据库服务器，可称为客户电脑，当需要对数据库中的数据进行任何操作时，客户程序就自动地寻找服务器程序，并向其发出请求，服务器程序根据预定的规则作出应答，送回结果，应用服务器运行数据负荷较轻。

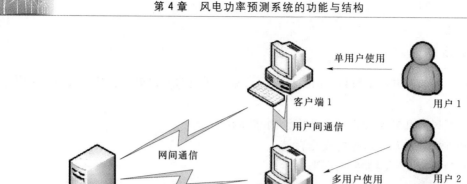

图 4-7　C/S 架构工作流程示意图

（2）数据的储存管理功能较为透明。在数据库应用中，数据的储存管理功能，是由服务器程序和客户应用程序分别独立进行的，并且通常把那些不同的（不管是已知还是未知的）前台应用所不能违反的规则，在服务器程序中集中实现，例如访问者的权限、编号可以重复、必须有客户才能建立订单的规则。所有这些，对于工作在前台程序上的最终用户，是"透明"的，他们无需过问（通常也无法干涉）背后的过程，就可以完成自己的一切工作。在客户服务器架构的应用中，前台程序也承担一定的数据处理功能，而复杂任务交由服务器处理。在 C/S 体系下，数据库不能真正成为公共、专业化的仓库，它受到独立的专门管理。

3. C/S 架构的缺点

随着互联网的飞速发展，移动办公和分布式办公越来越普及，因此系统应具有较好的扩展性。这种方式远程访问需要专门的技术，同时要对系统进行专门的设计来处理分布式的数据。

客户端需要安装专用的客户端软件；所以涉及安装的工作量，且任何一台电脑出问题，如病毒、硬件损坏，都需要进行安装或维护。此外，系统软件升级时，每一台客户机需要重新安装，其维护和升级成本非常高。

传统的 C/S 架构虽然采用的是开放模式，但这只是系统开发一级的开放性，在特定的应用中无论是客户端还是服务端都还需要特定的软件支持。由于没能提供用户真正期望的开放环境，C/S 架构的软件需要针对不同的操作系统开发不同版本的软件，加之产品的更新换代速度加快，已经很难适应百台电脑以上局域网用户同时使用。而且代价高，效率低。

此外，C/S 架构的劣势还在于高昂的维护成本和投资。首先，采用 C/S 架构，要选择适当的数据库平台来实现数据库数据的真正"统一"，使分布于两地的数据同步完全交由数据库系统去管理，但逻辑上两地的操作者要直接访问同一个数据库才能有效实现，而如果需要建立"实时"的数据同步，就必须在两地间建立实时的通信连接，保持两地的数据库服务器在线运行，网络管理工作人员既要对服务器维护管理，又要对客户端维护和管理，这需要高昂的投资和复杂的技术支持，维护成本很高，维护任务量大。其次，传统的C/S结构的软件需要针对不同的操作系统系统开发不同版本的软件，由于产品的更新换代非常快，代价高和低效率已经不适应工作需要。在JAVA这样的跨平台语言出现之后，B/S架构更是猛烈冲击C/S，并对其形成威胁和挑战。

4. C/S架构的常用开发工具

C/S架构的软件项目可以使用Delphi和C++开发。Delphi第三方控件多，开发速度快，做报表和界面也方便；C++优势在于程序运行效率高，做漂亮界面则要吃力一些。

4.3.2.2　B/S架构及其开发工具

由于C/S架构存在的种种问题，因此人们又在它原有的基础上提出了一种具有三层模式（3-Tier）的应用系统结构浏览器/服务器（B/S）架构。B/S架构是伴随着因特网的兴起，对C/S架构的一种改进。从本质上说，B/S架构也是一种C/S架构，它可看作是一种由传统的二层模式C/S结构发展而来的三层模式C/S架构在Web上应用的特例。

B/S架构主要是利用了不断成熟的Web浏览器技术：结合浏览器的多种脚本语言和ActiveX技术，用通用浏览器实现原来需要复杂专用软件才能实现的强大功能，同时节约了开发成本。

B/S架构的使用越来越多，特别是由需求推动了AJAX技术的发展，它的程序也能在客户端电脑上进行部分处理，从而大大减轻了服务器的负担；并增加了交互性，能进行局部实时刷新。

1. B/S架构的工作模式

B/S是Browser/Server的缩写，客户机上只要安装一个浏览器（Browser），如Netscape Navigator或Internet Explorer，服务器安装Oracle、Sybase、Informix或SQL Server等数据库。在这种结构下，用户界面完全通过WEB浏览器实现，一部分事务逻辑在前端实现，但是主要事务逻辑在服务器端实现。浏览器通过Web Server同数据库进行数据交互。

系统开发中C/S架构（Client/Server）中Client（客户端）往往可以由B/S架构（Browser/Server架构）的Browser（浏览器）及其载体承担，C/S架构的Web应用与B/S架构（Browser/Server架构）具有紧密联系。大系统和复杂系统中，C/S架构和B/S架构的嵌套也很普遍。

原来的C/S架构转变成Browser/Server架构后，客户机的压力大大减轻，负荷被均衡地分配给了服务器。由于这种架构不再需要专用的客户端软件，因此也将技术维护人员从繁重的安装、配置和升级等维护工作中解脱了出来，可以把主要精力放在服务器程序的更新工作上。同时，使用Web浏览器作为客户端软件，界面友好，新开发的系统也不需要用户每次都从头学习。而且，这种三层模式，层与层之间相互独立，任何一层的改变都不影响其他层原有的功能，所以可用不同厂家的产品组成性能更佳的系统。总之，三层模式的 B/S 架构从根本上弥补了传统的二层模式的 C/S 架构的缺陷，是应用系统体系结构中一次深刻的变革。B/S 架构工作流程示意如图 4-8 所示。

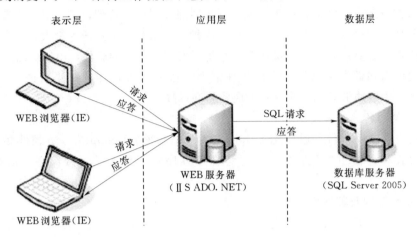

图 4-8　B/S 架构工作流程示意图

2. B/S 架构的优点

（1）维护升级更加便利。软件系统的改进和升级越来越频繁，B/S 架构的产品明显具有更为方便的特性。对一个稍大的系统而言，系统管理人员如果需要在几百甚至上千部电脑之间来回奔跑，效率和工作量是可想而知的，但 B/S 架构的软件只需要管理服务器就行了，所有的客户端只是浏览器，根本不需要做任何的维护。无论用户的规模有多大，有多少分支机构都不会增加任何维护升级的工作量，所有的操作只需要针对服务器进行；如果是异地，只需要把服务器连接专网即可，实现远程维护、升级和共享。所以客户机越来越"瘦"，而服务器越来越"胖"是将来信息化发展的主流方向。今后，软件升级和维护会越来越容易，而使用起来会越来越简单，这对用户人力、物力、时间、费用的节省是显而易见的。因此，维护和升级革命的方式是"瘦"客户机，"胖"服务器。

（2）系统的成本更低。Windows 在桌面电脑上几乎一统天下，浏览器成为了标准配置。但在服务器操作系统上，Windows 并不处于绝对的统治地位。软件的趋势是凡使用 B/S 架构的应用管理软件，只需安装在 Linux 服务器上即可，而且安全性高。所以服务器操作系统的选择是很多的，不管选用哪种操作系统都可以让大部分人使用 Windows 作为桌面操作系统电脑不受影响，这就使得最流行的免费 Linux 操作系统快速发展起来，Linux 除了操作系统是免费以外，其数据库也是免费的。

3. B/S 架构的缺点

由于 B/S 架构管理软件只安装在服务器（Server）端上，网络管理人员只需要管理服务器就行了，用户界面主要事务逻辑在服务器（Server）端完全通过 WEB 浏览器实现，极少部分事务逻辑在前端（Browser）实现，所有的客户端只有浏览器，网络管理人员只需要做硬件维护。但是，应用服务器运行数据负荷较重，一旦发生服务器"崩溃"等问题，后果不堪设想。须备有数据库存储服务器，以防万一。

4. B/S 架构的常用开发工具

B/S 架构的软件是通过浏览器来访问的，其中最重要的是与客户交互的网页页面，所以开发网页的工具加上后台的语言都可以开发的，如 PHP、JAVA、ASP. NET 等。

4.3.2.3 小结

C/S 架构和 B/S 架构各有优势，但在互联网逐步深入发展的时代，B/S 架构以其灵活的应用和低成本的开发维护等特点逐步受到越来越多用户和软件开发厂商的青睐。但对于风电功率预测系统而言，由于客户机数量并不多，在位置上分部于数据服务器附近；而且风电功率预测计算负担也较重，若采用 B/S 架构，将计算任务全部放在数据服务器中，数据服务器可能负担过重。因此采用传统的 C/S 架构也有其优势。

4.3.3 核心算法与开发工具

核心算法是风电功率预测软件的核心，算法的实现也是软件开发中难度最大的部分。传统的预报算法如自回归-动平均算法（AR）、多项式拟合算法等，原理简单，编程实现难度不大，但预报精度则比较低；而新兴算法如神经网络算法、支持向量机算法等，预报精度较高，但原理复杂，软件开发者要从头编程实现，既需要对算法原理有较深理解，又需要有较强的编程能力，因此实现难度较大。核心算法的开发的可行途径是使用 Matlab 平台完成核心算法的编程，再使用 Matlab 提供的工具将算法程序的 M 文件编译成动态链接库文件（dll），最后使用 VC++调用动态链接库，以实现风电功率预测。

4.3.3.1 Matlab 平台简介

Matlab 是美国 MathWorks 公司出品的商业数学软件，用于算法开发、数据可视化、数据分析以及数值计算的高级技术计算语言和交互式环境，主要包括 Matlab 和 Simulink 两大部分。Matlab 是 Matrix&Laboratory 两个词的组合，意为矩阵工厂（矩阵实验室）。它将数值分析、矩阵计算、科学数据可视化以及非线性动态系统的建模和仿真等诸多强大功能集成在一个易于使用的视窗环境中，为科学研究、工程设计以及必须进行有效数值计算的众多科学领域提供了一种全面的解决方案，并在很大程度上摆脱了传统非交互式程序设计语言（如 C、Fortran）的编辑模式，代表了当今国际科学计算软件的先进水平。Matlab 平台提供了大量的工具箱，每个工具箱都拥有若干函数，使用这些函数，即可用少量代码完成复杂的数据处理过程。如神经网络工具箱，BP 神经网络、RBF 神经网络等复杂数学模型的建立，使用工具箱函数只需寥寥数行程序即可实现，大大降低了使用以神经网络为代表的复杂模型的门槛；此外，Matlab 本身还是一个开放性平台，使用 C 语言开发的软件包通过 VC++编译器的编译后，也可在 Matlab 平台上使用，这个特性更加扩展了 Matlab 的应用范围，以支持向量机算法为例，最流行的是由台湾大学林智仁副教授开发 libsvm 软件包，该软件包即可通过编译在 Matlab 平台上应用，简单地开发出高质量的支持向量机预报算法。

4.3.3.2 VC++调用 Matlab 库函数技术简介

VC++调用 Matlab 库函数须使用 Matlab 编译器。Matlab 编译器由若干 Matlab 的软件工具组成。其实现原理是首先把需要从 VC++中调用的函数写成一个 M 文件，再将 M 文件转化为 C/C++语言的源代码文件。每个源文件相当于一个用 C/C++编写的函数的定义与实现文件，只不过该函数的实现不是程序员编写的，而是调用 Matlab 函数库中的实现。同时，Matlab 编译器会生成一个动态链接库，它包含相应算法的二进制实现代码。出于版权保护的目的,这些生成的源文件不会包含函数的实现代码,而仅仅包含指向上述那个动态链接库的相应入口的调用语句。然后程序员手工将 C/C++源文件加入 VC++的项目之中,就可以和项目的其他代码一起编译链接,生成可执行文件。下文将通过一个简化实例来介绍针对 Visual Studio. net 2010 版本及 Matlab 2010b 版的具体流程。

1. M 文件的编写

调用 Levinson 算法的代码如下:

function A＝My_Levi(r);

A＝levinson(r);

将其保存为文件名为 My＿Levi. m 的 M 文件。编写该 M 文件时除少量特定语句不能包含外基本上和普通 M 文件一样,也可由多行语句组成。当我们需要调用多个 Matlab 库函数时,出于代码可维护性的考虑,一般为每个函数调用单独编写一个 M 文件。

2. 配置 Matlab 编译器

在开始使用 Matlab 编译器前,需要按如下步骤配置它:在 Matlab 命令窗口中执行 mex-setup 命令和 mbuild-setup 命令。这两个命令会搜索安装在本机上的 C/C++编译器并要求程序员指定哪个将与 Matlab 协同工作。程序员只要按照提示进行几步选择即可,配置工作由 Matlab 自动完成,其主要作用在于按照不同的 C/C++编译器版本,确定在源代码转换和生成时所应遵循的语法规范。除配置 Matlab 外,开发工具所在的操作系统也要进行配置。需要给操作系统的环境变量(Windows7 中为用户变量和系统变量)的路径加入 Matlab 的有关目录,即指定 Matlab 的 bin、bin \ win32、extern \ lib \ win32 \ microsoft 等几个子目录的位置。上述两类配置只需在 Matlab 和 VC++安装好后执行一次即可。

3. 用 MCC 生成 C++源代码及链接库

在 Matlab 命令窗口中运行工具软件 MCC (Matlab C/C++ Compiler):

mcc - W cpplib:My_Levi - T link:lib My_Levi. m

该命令将根据 My＿Levi. m 生成一系列的文件,它们全部以 cpplib 选项后面指定的名字作为文件名。其中主要的是 My＿Levi. cpp,My＿Levi. h,My＿Levi. lib,My＿Levi. dll 这几个文件。其中 C++源文件需要被手动包含到 VC++的项目当中,LIB 文件用于 VC++的链接器,DLL 文件则是运行时动态链接库。如果项目需要调用多个 MAT-LAB 算法函数,一般会编写多个 M 文件,这时可以一次性处理所有的 M 文件,例如:

mcc - W cpplib: My＿Lib - T link: lib My＿Call1. m My＿Call2. m My＿Call3. m …

此时仍然只生成单一的源文件和库文件,但 My＿Lib. h 和 My＿Lib. dll 等文件中包含所有调用的定义和入口等。这在 M 文件很多时显然非常方便。

下面摘抄 My＿Levi. h 中 Levinson 算法的 C++函数定义,以便后面对它的调用:

extern LIB＿My＿Levi＿CPP＿API void MW＿CALL＿CONV My＿Levi (int nargout, mwArray& A, const mwArray&r);

这个格式是统一的,即参数列表中第一个是输出个数,随后一个或多个是输出参数,再随后一个或多个是输入参数。至此需要在 MATLAB 中做的工作结束。

4. VC++中的调用代码编写

(1) 库的初始化及关闭。首先要在程序的某个合适的位置 [比如 CWinApp::InitInstance ()] 加入对 Matlab 链接库的初始化代码：

mclmcrInitialize()；

mclInitializeApplication(NULL,0)；

My_LeviInitialize()；

另外在程序的退出代码中要关闭链接库以释放资源：

My_LeviTerminate()；

mclTerminateApplication()；

(2) 函数的调用。示例代码如下：

int nLen；

double * data=new double[nLen]；

double * ans=new double[nLen]；

⋮

⋮（完成对 nLen 和 data 的赋值）

mwArray r(1,nLen,mxDOUBLE_CLASS)；

r. SetData(data,nLen)；

mwArray A(1,nLen,mxDOUBLE_CLASS)；

My_Levi(1,A,r)；

A. GetData(ans,nLen)；

这里演示了 C/C++中如何向 Matlab 调用传递参数以及取回返回值的方法之一。其中 data 和 ans 数组分别是在 C/C++中的 Levinson 算法的输入数据和计算结果，矩阵对象 r 和 A 则分别是 Matlab 中 Levinson 算法的输入和输出。如果 MATLAB 要求的类型是矩阵，将 C/C++代码的相应变量定义为多维数组即可。

5. 配置 VC++项目设置

上述代码编写好后，还无法编译链接，因为 VC++默认的项目属性中缺少必要的信息，必须手工修改。

打开项目属性设置对话框，作如下修改：

(1) 添加 Matlab 外部包含文件和库文件所在的本机路径，包括<MATLAB> \ extern \ lib \ win32 \ microsoft，<MATLAB> \ extern \ include \ win32，<MATLAB> \ extern \ include。若是 64 位操作系统应将 win32 子目录改为 win64 子目录；

(2) 在链接器属性之附加依赖项中添加必需的 2 个库文件，即 mclmcrrt. lib 和 My_Levi. lib。注意现在的 Matlab 2010b 运行时刻附加库只需要 mclmcrrt. lib，不再需要老版的 libmat. lib、libmex. lib 等库文件。

(3) 如果是要运行在 64 位操作系统上，还要做以下修改：在链接器属性之高级选项中选择目标计算机为 MACHINE：X64。在解决方案平台的配置管理器中新建一个目标为 X64 的平台，然后切换到这个新的 X64 平台。

上述的编程和配置工作完成后就可以进行编译链接，生成可执行文件了。

6. 软件的安装

在向用户计算机上安装上述包含对 MATLAB 的 Levinson 算法调用的软件时，安装程序必须复制 My_Levi. dll 文件到软件的安装目录。另外在没有安装 MATLAB 的计算机上还要安装一个通用的 MATLAB 的编译器运行时刻库 MCR。MCR 的安装十分简单，MATLAB 提供了相应的安装程序 MCRInstaller. exe，只要在软件的安装程序中包括对它的运行安装即可。至此，按上述方法开发的软件就可以在没有安装 MATLAB 的系统上独立运行。

4.3.4　数据库系统的设计

后台数据库是系统架构的重要组成部分，决定了系统数据的安全性和系统长期运行的稳定性。当前可选的数据库系统很多，这些系统的功能、运行平台、运行维护成本各有不同，下文将对其分别进行介绍，并总结归纳风电功率预测软件数据库系统的选取原则。

4.3.4.1　主流数据库系统的介绍

1. Oracle

Oracle Database，又名 Oracle RDBMS，或简称 Oracle，是甲骨文公司的一款关系数据库管理系统。它是在数据库领域一直处于领先地位的产品。可以说 Oracle 数据库系统是目前世界上流行的关系数据库管理系统，系统可移植性好、使用方便、功能强，适用于各类大、中、小、微机环境。它是一种高效率、可靠性好、适应高吞吐量的数据库解决方案。

Oracle 数据库最新版本为 Oracle Database 12c。Oracle 数据库 12c 引入了一个新的多承租方架构，使用该架构可轻松部署和管理数据库云。此外，一些创新特性可最大限度地提高资源使用率和灵活性，如 Oracle Multitenant 可快速整合多个数据库，而 Automatic Data Optimization 和 Heat Map 能以更高的密度压缩数据和对数据分层。再加上在可用性、安全性和大数据支持方面的主要增强，使得 Oracle 数据库 12c 成为私有云和公有云部署的理想平台。

以 Oracle 数据库的架构而言，数据文件包括：控制文件、数据文件、重做日志文件、参数文件、归档文件、密码文件。这是根据文件功能行进行划分，并且所有文件都是二进制编码后的文件，对数据库算法效率有极大的提高。由于 Oracle 文件管理的统一性，就可以对 SQL 执行过程中的解析和优化，指定统一的标准：RBO（基于规则的优化器）、CBO（基于成本的优化器）。通过优化器的选择以及强大的 HINT 规则，给予 SQL 优化极大的自由，对 CPU、内存、IO 资源进行方方面面的优化。

2. DB2

DB2 是美国 IBM 公司开发的一套关系型数据库管理系统，它主要的运行环境跨越 UNIX（包括 IBM 自家的 AIX）、Linux、IBMi（旧称 OS/400）、z/OS，以及 Windows 服务器版本。

DB2 主要应用于大型应用系统，具有较好的可伸缩性，可支持从大型机到单用户环境，应用于所有常见的服务器操作系统平台下。DB2 提供了高层次的数据利用性、完整性、安全性、可恢复性，以及小规模到大规模应用程序的执行能力，具有与平台无关的基本功能和 SQL 命令。DB2 采用了数据分级技术，能够使大型机数据很方便地下载到 LAN 数据库服务器，使得客户机/服务器用户和基于 LAN 的应用程序可以访问大型机数据，并使数据库本地化及远程连接透明化。DB2 以拥有一个非常完备的查询优化器而著称，其外部连接改善了查询性能，并支持多任务并行查询。DB2 具有很好的网络支持能力，每个子系统可以连接十几万个分布式用户，可同时激活上千个活动线程，对大型分布式应用系统尤为适用。

DB2 除了可以提供主流的 OS/390 和 VM 操作系统，以及中等规模的 AS/400 系统之外，IBM 还提供了跨平台（包括基于 UNIX 的 LINUX，HP - UX，SunSolaris，以及 SCOUnixWare；还有用于个人电脑的 OS/2 操作系统，以及微软的 Windows2000 和其早期的系统）的 DB2 产品。DB2 数据库可以通过使用微软的开放数据库连接（ODBC）接口，Java 数据库连接（JDBC）接口，或者 CORBA 接口代理被任何的应用程序访问。

DB2 在企业级的应用最为广泛，在全球的 500 家最大的企业中，几乎 50％以上用 DB2 数据库服务器，目前广泛应用于金融、电信、保险等较为高端的领域，尤其是在金融系统备受青睐。软件的授权收费和服务费与 Oracle 相当。

3. SQL Server

SQL Server 是 Microsoft 公司推出的关系型数据库管理系统，具有使用方便、可伸缩性好、与相关软件集成程度高等优点，但其使用平台仅限于 Windows 系统，相比于 Oracle、DB2 而言，使用范围颇为局限。

SQL Server 的数据架构基本是纵向划分，分为：Protocol Layer（协议层），Relational Engine（关系引擎），Storage Engine（存储引擎），SQLOS。SQL 执行过程就是逐层解析的过程，其中 Relational Engine 中的优化器，是基于成本的（CBO），其工作过程跟 Oracle 是非常相似的。在成本之上也是支持很丰富的 HINT，包括连接提示、查询提示、表提示。

SQL Server 的授权和服务费用相比于 Oracle、DB2 略微便宜一些。

4. My SQL

MySQL 是一个关系型数据库管理系统，由瑞典 MySQL AB 公司开发，目前属于 Oracle 公司，目前最流行的关系型数据库管理系统，在 WEB 应用方面 MySQL 是最好的关系数据库管理应用软件之一。

MySQL 最大的一个特色，就是自由选择存储引擎。每个表都是一个文件，都可以选择合适的存储引擎。常见的引擎有 InnoDB、MyISAM、NDBCluster 等。但由于这种开放插件式的存储引擎，比如要求数据库与引擎之间的松耦合关系。从而导致文件的一致性大大降低。在 SQL 执行优化方面，也就有着一些不可避免的瓶颈。在多表关联、子查询优化、统计函数等方面是软肋，而且只支持极简单的 HINT。

相比于大型的数据库系统，MySQL 功能略显单薄。但该系统是基于互联网数据应用开发的，其应用实例也大都集中于互联网方向，MySQL 的高并发存取能力并不比大型数据库差，同时价格便宜，安装使用简便快捷，深受广大互联网公司的喜爱。并且由于 MySQL 的开源特性，针对一些对数据库有特别要求的应用，可以通过修改代码来实现定向优化，例如 SNS、LBS 等互联网业务。

5．PostgreSQL

PostgreSQL 是以加州大学伯克利分校计算机系以 POSTGRES 为基础开发的一个开源的数据库管理系统。PostgreSQL 基本包括了目前世界上最丰富的数据类型的支持，其中有些数据类型连商业数据库都不具备，比如 IP 类型和几何类型等；其次，PostgreSQL 是全功能的自由软件数据库，很长时间以来，PostgreSQL 是唯一支持事务、子查询、多版本并行控制系统（MVCC）、数据完整性检查等特性的唯一的自由软件的数据库管理系统。最后，PostgreSQL 拥有一支非常活跃的开发队伍，而且在许多黑客的努力下，PostgreSQL 的质量日益提高。

从技术角度来讲，PostgreSQL 采用的是比较经典的 C/S（client/server）结构，也就是一个客户端对应一个服务器端守护进程的模式，这个守护进程分析客户端来的查询请求，生成规划树，进行数据检索并最终把结果格式化输出后返回给客户端。为了便于客户端程序的编写，由数据库服务器提供了统一的客户端 C 接口。而不同的客户端接口都是源自这个 C 接口，比如 ODBC、JDBC、Python、Perl、Tcl、C/C++、ESQL 等，同时也要指出的是，PostgreSQL 对接口的支持也是非常丰富的，几乎支持所有类型的数据库客户端接口。这一点也是 PostgreSQL 一大优点。

当然 PostgreSQL 也存在一些缺陷，由于其初级版本是高校开发，产品的学院派风格较为明显，而系统运行的稳定性长期以来没有得到充分的重视。此外，还欠缺一些比较高端的数据库管理系统需要的特性，比如数据库集群，更优良的管理工具和更加自动化的系统优化功能等提高数据库性能的机制等。

4.3.4.2　风电功率预测软件数据库系统选取的原则

风电功率预测软件数据库系统的选取应依据的因素有数据总量、实时数据吞吐量、数据关联复杂程度、数据可靠性要求、软件成本等。

假设某风电场共有 100 台风力发电机，2 座测风塔，每座测风塔分为 3 层，每层装设风速传感器和风向传感器，此外，每座测风塔均装设温度传感器、湿度传感器和气压传感器。须存储数据包括各台风力发电机出力数据，测风塔温度、湿度、气压数据和各层风速风向数据，气象局 NWP 数据，包括风速、风向、温度、湿度、气压等预测数据。设每个数据在数据库中占据 2 个字段，每个字段占 8 个字节，即一个数据占 16 个字节，每个数据的采集间隔为 15min，每日共采集 96 个数据。依据规范要求，数据存储的有效时间为 10 年。依据以上设定，该风电场在 10 年中，总的发电数据占存储空间 535GB 左右，总的气象数据占存储空间 75GB 左右。再加上风电机组信息和风电场运行状态记录信息，10 年间总的数据量不超过 700GB，达到中等数据库的规模。依据估测的数据总量，以上介绍的几种数据库均可胜任。

在软件运行过程中，数据的查询和风电功率预测都涉及数据库的吞吐能力。数据查询设计数据量较小，对数据库吞吐能力的要求可以忽略不计；而风电功率预测的数据吞吐量则相对较大。《风电功率预测系统功能规范》（NB/T 31046—2013）中规定，风电功率预测单次计算时间应在 5min 以内，要满足该要求，不但要求较快的算法处理速度，同时也要求数据库有较好的数据吞吐能力。以超短期风电功率预测为例，要求预测未来 4h 的风电场发电功率，按照15min采样间隔计算，共需预测16个值。超短期风电功率预测一般依据预测日前1~2个月历史发电功率数据和气象数据，以及未来4h的NWP数据，总数据量为数十兆字节，以上主流数据库均可以满足以上要求。而对于短期风功率预报为例，要求预测未来1~3天的风电场发电功率，按照15min采样间隔计算，共需预测96~288个值。短期风电功率预测所需历史数据较长，通过优化预测算法，大概的数据吞吐量为数百兆字节，但是由于短期预测一天只需预测一次，时效性要求不高，因此以上主流数据库也都可以满足设计要求。

风电功率预报软件的数据包括各个风电机组发电功率、测风塔测量的气象数据和NWP气象数据，数据间没有复杂的交互关系，因此建库比较简单，使用主流数据库系统均可轻松胜任。

作为一个工业系统，风电功率预测软件数据的可靠性要求较高，采用Oracle、DB2、SQL Server等数据库系统的安全性保障当然更高；但是在国内市场，一套风电功率预测软件的报价在数十万元左右，甚至有风电机组主机厂采用买主机、送功率预测系统等销售方式。如果采用Oracle、DB2、SQL Server等数据库系统，则开发软件无利可图，因此国内软件厂商通常都使用My SQL、PostgreSQL等廉价的开源数据库系统，同时采用双机备份的方式确保数据的可靠存储。这种开发方式节约了开发成本，也降低了用户的使用成本，但由于数据库缺乏后期维护，可能造成系统后期运行速度逐步下降。

综上所述，开发单一风电场的风电功率预测系统，限于成本原因，建议采用My SQL、PostgreSQL等开源数据库，但在软件生命周期的中后期应定期对数据库进行维护和整理，提高软件的运行效率和可靠性。而如果开发大范围风电场的综合管理系统，由于数据量巨大、数据吞吐能力要求高、数据可靠性要求等因素，更推荐使用Oracle、DB2、SQL Server等数据库系统。

4.4 典型风电功率预测系统简介

4.4.1 国外系统简介

国外风电功率预测系统产品资料难以搜集，而国外风电场风资源评估软件影响和应用范围更广，如WAsP、WindFarmer、Meteodyn WT和WindSim等。虽然这些软件功能是风资源评估，但其评估原理与风功率预测的物理模型原理一致，因此了解这些软件的运作模式也有助于了解风电功率技术的发展。

4.4.1.1 丹麦WAsP系统

丹麦Riso国家实验室研制的WAsP（Wind Atlas Analysis and Application Programs）是目前国际认可的进行风电场风能资源分析处理软件，主要用于对风能资源进行评估，正确地选择风电场场址。

WAsP软件的主要功能如下：

（1）风观察数据的统计分析。

（2）风功率密度分布图的生成。

（3）风气候评估。

（4）风电机组年发电量计算。

（5）风电场年发电量计算。

WAsP 软件有 4 个主要计算模块，为原始风数据分析模块、风图谱生成模块、风况估算模块、理论发电量估算模块。原始风数据分析模块分 12 个扇区对实测的具有时间持续性的风速和风向数据进行统计分析，得到各扇区和全年风速的风频分布的风数据统计表。风图谱生成模块以风数据统计表格为基础，除去以测风点为中心一定范围内地形、地表粗糙度和遮挡物对风的影响，得到某一标准状况下风的分布，即风图谱。风况估算模块以风图谱为基础，加上以风电机组定位点为中心一定范围内地形、地表粗糙度和遮挡物对风的影响，通过与得到的风图谱基本相反的计算步骤算出该点的总平均风速和总功率密度等风况特征。

理论发电量估算模块根据风电机组功率曲线，结合计算出的总平均风速和总平均风功率密度，计算出风电机组的理论年发电量，再把全场预定风电机组的位置、统一的轮毂高度和功率曲线都输入程序，用 PARK 尾流模式进行逐台风电机组和全场发电量估算。计算时将每台风电机组作为其他风电机组的障碍物，求出每台风电机组各个扇区的年发电量和影响系数。

4.4.1.2　WindFarmer 软件

风电场设计和优化软件 WindFarmer 是由英国自然能源公司和 Garrad Hassen 公司联合组成的软件公司 WINDOPS 开发的。WindFarmer 软件对 PARK 模式进行了改善和补充，主要用于风电场优化设计（即风电场微观选址），在国内外已得到广泛应用。

WindFarmer 主要功能如下：

（1）对风电机组选址进行自动优化。

（2）确定风电机组尾流影响。

（3）对水平轴风电机组性能进行分析比较。

（4）确定并调整风电机组间的最小分布距离。

（5）分析确定风电机组噪声等级。

（6）对风电场进行噪声分析及预测。

（7）排除不符合地质要求、技术要求的地段和对环境敏感的地段。

（8）完全可视化界面。

（9）进行财务分析。

（10）计算湍流强度。

（11）计算电气波动及电耗。

使用 WAsP 软件的部分结果数据作为输入数据，WindFarmer 与 WAsP 软件配套使用，是进行风电场设计的重要手段。在平坦地形下，WAsP 和 WindFarmer 软件是较好的风资源评价工具，精度较高，能较好地反映当地的风资源状况。但对于复杂地形，这两种软件均较难准确估算风资源状况，计算误差较大。因此可以引入具有 CFD 技术的软件对复杂地形的风电场进行数值模拟，为风电场选址以及发电量计算提供更为准确的依据。目前，国内外广泛使用基于 CFD 技术的风资源评估软件有 Meteodyn WT 和 WindSim。

4.4.1.3 Meteodyn WT 软件

Meteodyn WT 软件是由法国 Meteodyn 公司（美迪公司）研究开发的基于计算流体力学（CFD）技术的风资源评估软件，该软件可以在任何地形条件下得到较为准确的风资源计算结果。WT 软件是专门为求解大气边界层问题而开发的 CFD 软件，可以提高复杂地形风能资源评估的准确性。WT 软件可以根据地形、粗糙度以及设定的热稳定度自动生成网格与边界条件，在关注区域以及关注点自动进行网格加密；可以求解全部的 NS 方程，得到风电场场区三维空间内任一点的风流及风资源情况（平均风速、湍流、极风、入流角、发电量、能量密度等），更好地解决复杂地形所带来的非线性问题。

Meteodyn 公司对 WT 软件的森林冠层模型进行优化，可以准确评估地表植被对风流造成的影响，即使是在森林分布的复杂地区，也能够准确模拟风流的变化情况；该软件采用优化的尾流模型，考虑附加湍流影响，可以更好地评估尾流损失；软件的湍流校正功能，可以考虑中尺度范围的影响，可以更准确地计算湍流强度；在软件中可以直接输入测风的时间序列数据，而可以不通过威布尔拟合，降低结果的不确定性。

通过在软件中输入地形数据（海拔、粗糙度），WT 软件可以得出定向结果（湍流强度、风加速因数、入流角、水平偏差），根据定向结果，工程师可以选择最具有代表性的点来树立测风塔，以便获取具有代表性的风流数据，为后续评估奠定基础。通过软件的虚拟现实功能，可以进行真实区域情况与粗糙度设置的比对，发现不正确的粗糙度设置。通过 WT 软件，在已知测风点处或区域极风（3s 或 10min）的情况下，可以推算整个场区每一点处的极风情况，为风电机组的载荷评估奠定基础。软件对风电场场区的测风塔数量没有任何限制，可以将多个测风塔以及每个测风塔不同高度的风流数据载入软件当中进行相应的综合计算，具有真正的"多测风塔综合功能"。该软件可以生成每一台风电机组发电量的时间序列文件，方便用户进行后评估以及根据这些数据进行发电量的预测。

4.4.1.4 WindSim 软件

WindSim 是由挪威 WindSim 公司开发的基于 CFD 的风能分析与风电场设计软件。对于复杂地形，尤其是坡度超过 16.7°，WindSim 具有较高的计算精度。

1998 年，WindSim 公司与挪威气象局合作绘制了挪威风图谱。模拟挪威复杂海岸线的局部风场是一项具有挑战性的工作。为满足项目要求，在项目执行过程中开发了 WindSim 计算方法。随着复杂地形条件的风电场场址比例的增大，风电工业对更准确的模拟软件的需求也越来越大。众多研究表明，与风电领域的传统方法相比，CFD 技术能更真实地描述地形对风电场的影响。气流经过山脊后的加速比参数，是区别线性方法与 CFD 方法的重要依据。加速比随着倾角的增大而增大，直至出现气流分离。WindSim 提供的 CFD 方法能够捕捉到这一特性。即使倾角很小，非出现气流分离。线性方法和 CFD 方法预测的加速比的差别也很明显。

WindSim 通过选择风速最大而湍流小的风电机组位置来优化风电场布置，使发电量最大的同时风电机组荷载最小，以避免潜在的问题。地形模块根据地形和粗糙度数据生成风电场及其周边的三维网格。还可以模拟森林和建筑物等物理对象，以考虑它们对气流的影响。风电场模块生成数据集，这个模块通过计算加速比、风向偏移和湍流等参数来模拟地形对风电场的影响。提供多种物理模型和数值模型，这些模型在计算速度和鲁棒性等方面的性能不同。对象模块用来设定风电机组和测点的位置，具有全互动式三维界面，使用极为方便，测风数据以频率分布或时间序列的方式给出。结果模块可以方便地查看诸如风速、风向偏移、湍流强度、风速的垂直分量等特征量，可以设定要显示的高度和扇区。发电量模块用来计算风电场内每台风电机组的年发电量，也可同时计算尾流损耗，在这个模块中可以对多个备选方案进行比较。

4.4.2　国内系统简介

国内风电功率预测技术起步较晚，但随着风电事业的快速发展，在科研院所和企业的共同努力下，我国在风电功率预测领域也取得了很多研究成果，诞生了许多有代表性的风电功率预测系统。

4.4.2.1　中国电力科学研究院风电功率预测系统

中国电力科学研究院（简称中国电科院）风电功率预报系统是我国研发最早、投运时间最长、应用范围较广的同类系统。该系统使用 JAVA 语言开发，B/S 架构、界面友好，维护方便，可运行于 Windows 或 Linux 系统平台。可提供 0～4h 超短期功率预测、0～24h、0～48h、0～72h 短期功率预测及 0～168h 的中长期功率预测；符合电力二次系统防护规定，与电力二次系统具有良好的接口。

风电功率预测系统具备对各类风电场发电功率预测建模能力，对有历史功率数据的已投运场站和缺乏历史数据的新建场站均可建模，预测建模不受客观条件限制，并提供多种建模方式：对已投入运行的风电场，系统采用统计建模方式，需要收集风电场的历史功率数据；对新建风电场，由于缺乏历史数据无法进行数字建模，中国电科院新能源研究所采用独特的物理建模方式，为新建风电场提供物理建模。风电功率预测系统采用差分自回移动平均模型（ARIMA）、混沌时间序列分析、人工神经网络（ANN）等多种算法，根据预测时间尺度的不同使用上述算法构成组合预测模型，对每一种算法的预测结果选取适当的权重进行加权平均算法从而得到最终预测结果，权重的选择可以采用等权平均法、最小方差法，保证预测的准度和精度。

系统包含登录控制模块和综合查询模块、系统管理模块 3 个模块，15 项功能，如图 4-9 所示。

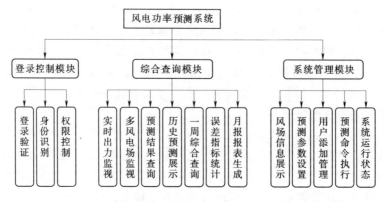

图 4-9　中国电科院风电功率预测系统功能模块图

1. 登录操作

系统采用 B/S 架构，用户登录系统不需要安装其他软件，在系统所在网段任何一台电脑的浏览器上输入风电功率预测系统的网址即可进入登录页面，如图 4-10 所示。

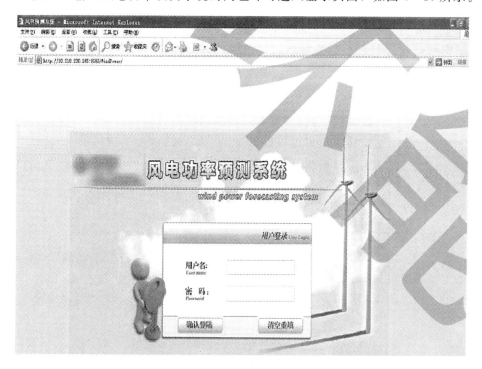

图 4-10　系统登录界面

2. 实时状态监测

实时状态监测以地图的方式直观地展示各个风电场的地理分布情况，并采用实时更新的方式对风电场的预测功率、实际功率进行展示，页面的刷新周期根据风电场实时功率的采集周期而定，一般为 1~5min 刷新一次，预测功率为 15min 一个点，所以预测功率 15min 刷新一次，如图 4-11 所示。

3. 曲线展示

曲线展示模块主要包括预测曲线及实际曲线，以列表的形式展示各个风电场当前的预测功率和实际功率，并可以通过日期控件、风速层高的下拉列表等条件进行多种选择，点击提交按钮，即可显示相应的信息，并可将结果以 excel、csv 两种格式导出到本地，如图 4-12 所示。

4. 气象信息展示

用户通过选择风电场的不同时间段和层高（目前能够提供的风速有 10m、30m、100m、170m 四个层高），系统将根据用户选定的条件绘制风向玫瑰图，如图 4-13 所示。

用户通过选择风电场的不同时间段和层高（目前能够提供的风速有 10m、30m、100m、170m 四个层高），系统根据用户选定的日期区间等条件绘制各个层高的风速分布情况，如图 4-14 所示。

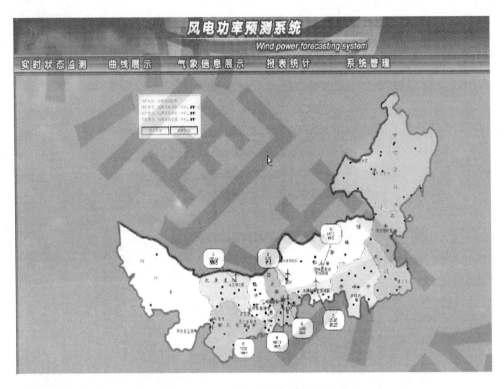

图 4 - 11　系统实时状态监测图

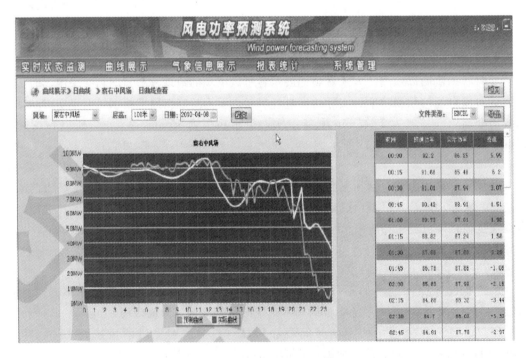

图 4 - 12　系统曲线展示界面

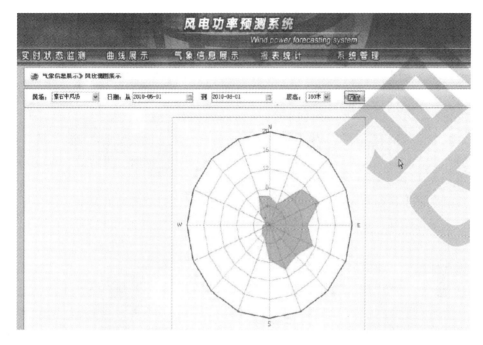

图 4-13 风向玫瑰图

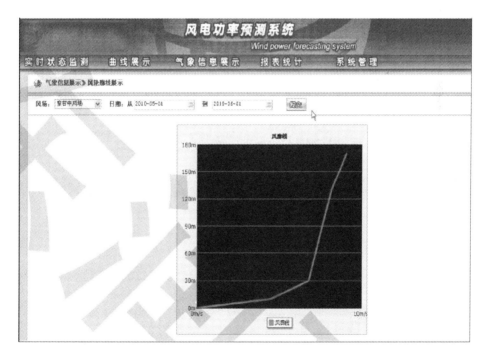

图 4-14 各层高风速图

5. 报表统计

报表统计模块包含 4 个子模块, 即: 预测指标统计及导出、预测曲线及实际曲线导出、风电运行报表、限电记录查询及导出。

（1）预测指标统计及导出。该模块通过选择风电场一段时间内的预测结果进行误差统计，并可按需求设置过滤条件，目前可以统计出的预测指标有平均绝对误差、均方根误差和误差小于 20％的点所占的比例，并可通过 excel、csv 两种格式导出到本地。

（2）预测曲线及实际曲线导出。在该模块页面，用户可将风电场一段时间的预测数据和实际出力数据以 excel 文件导出到本地。

（3）风电运行报表。根据国家电网调度中心的统一风电报表要求，预测系统会自动生成风电的日报、月报等报表，并通过标准的报表格式展示，同时，可通过 excel、csv 两种格式导出到本地。

（4）限电记录查询及导出。该模块用于查询风电场一段时间内的限电记录，并对查询的限电记录提供按日、月两种方式进行导出。

6. 系统管理

系统管理模块下的子模块包括新增组别、组别管理、装机容量设置、用户管理、风电场限电设置、风电运行日报数据补充、预测开机容量设置、弥补预测结果等。

（1）新增组别。在该模块页面，用户可根据实际情况将系统中的所有风电场按组别划分，并将某些风电场按上级组别为地区等方式进行划分，以便于管理。

（2）组别管理。用户可对系统中现有的所有组别进行管理，包括组别的编辑、删除等操作，但只有风电场管理员具有此权限。

（3）装机容量设置。该模块用户可以根据实际情况对预报系统中所有风电场的装机容量进行修改，提交之后，预测系统将按照新的装机容量对风电场进行预测，在风电场没有填报第二天的开机容量的情况下，系统会以该风电场的装机容量为默认开机容量进行预测，因此，修改装机容量对预测系统影响很大，需按照实际情况进行修改，修改界面如图4-15 所示。

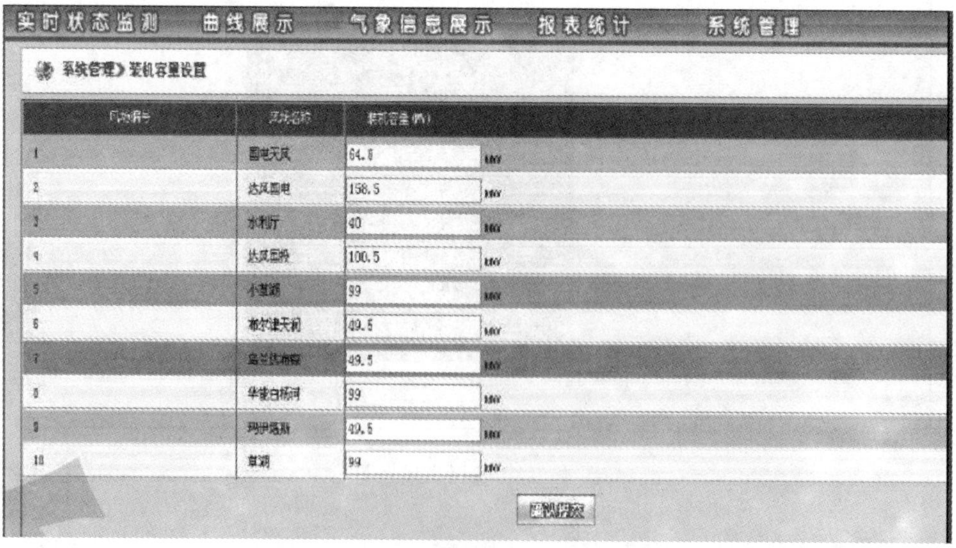

图 4-15　装机容量设置界面

（4）用户管理。该模块由超级管理员用户（系统会自动化初始一个）实现新用户的添加和对原来用户进行编辑、删除和密码修改等操作，一般系统建议只设置一个超级管理员，其他用户由超级管理员统一添加，以免管理混乱。

（5）风电限电设置。在该模块，通过添加按钮即可以添加当天的一条限电记录，根据限电时间自行选择时段设置，系统将给予保存，并可在同一天添加多条限电记录，系统会根据此信息进行预测结果的校正。

（6）风电运行日报数据补充。该模块主要针对某些天因一些问题导致风电报表未能生成的情况，在这里用户可以手动自行选择时间段进行弥补。

（7）预测开机容量设置。在该模块，用户可以根据实际情况设置未来一天风电场的开机情况，这里只需要填写风电场未来一天的总开机容量，不需要具体到每一台风电机组，提交之后，预报系统将根据用户填报的开机容量进行预测，如果不填，预报系统会按照默认全部开机的情况进行预测。

（8）弥补预测结果。由于网络或其他原因，有时会导致预测系统未能完全正常预测，导致某些时刻没有预测结果，为保证数据的完整性，需要弥补预测结果，此模块为用户提供了对缺失预测结果的时间段进行插补的功能，用户需根据实际情况选择时间区间，提交之后进行弥补。

4.4.2.2 国能日新风电功率预测系统 SPWF-3000

北京国能日新系统控制技术有限公司开发的风电功率预测系统 SPWF-3000，具备高精度数值气象预报功能、风电信号数值净化、高性能物理模型、网络化实时通信、通用风电信息数据接口等高科技模块；可以准确预报风电场未来 168h 功率变化曲线。该系统为风电场业主科学运营风电场提供重要信息。通过测风数据挖掘为发电量指标达标与否做出更合理的解释；通过 7 天功率预测做出合理的风电机组检修计划，减少弃风；通过精准的功率预测为电网的调度计划提供依据，为风电场并网扫平技术障碍。

风电场风电功率预测系统是以高精度数值气象预报为基础，搭建完备的数据库系统，利用各种通信接口采集风电场集控和 EMS 数据，采用人工智能神经网络、粒子群优化、风电信号数值净化、高性能时空模式分类器及数据挖掘算法对各个风电场进行建模，提供人性化的人机交互界面，对风电场进行功率预测，为风电场管理工作提供辅助手段。

系统包括硬件终端设施与国能日新自主研发的风电功率预测软件系统。通过采集数值气象预报数据、实时测风塔数据、实时输出功率数据、风电机组状态等数据，完成对风电场的短期风电功率预测、超短期风电功率预测工作，并向电网侧上传测风塔气象数据和风电功率预测数据。

风电场风能预测智能管理系统操作主要有三部分组成：人机界面、接口和数据库操作。人机界面为通过浏览器访问服务器上的制定资源，用来进行用户管理、系统设置、状态监测、功率预测、气象信息、统计分析和报表管理等功能的主要操作界面；接口和数据库是后台运行程序，负责接收、计算和存储系统运行数据，接口和数据库的操作在初始安装配置后会自动运行，用户不必进行操作，如需更改，可在相关操作说明或技术人员的指定下进行操作。下文将对系统的主要操作流程进行介绍。

1. 主界面

国能日新系统主界面如图 4 - 16 所示。

图 4 - 16　国能日新系统主界面

主界面分为三个模块：上方控制界面模块、左边菜单模块、中间主题内容模块。上方控制界面可以实现界面 UI 的更换、密码修改、重新登录、退出系统等功能；左边菜单是整个系统的导航，可以快速链接到对应的主题内容。

2. 系统设置

菜单栏的系统设置菜单包括 7 个选项：风电场设置、风电机组设置、风电机组型号设置、测风塔设置、预测设置、限电设置和维护检修计划。

（1）风电场设置。风电场设置主要用来设置风电场的信息，用户可在菜单栏中点击"系统设置"菜单，选择"风电场设置"进入电场信息界面，如图 4 - 17 所示。

左边列表显示系统中风电场的总信息，右边显示选中风电场的详细信息。选择列表上方的新建按钮，弹出添加风电场信息的输入信息框如图 4 - 17（b）所示，用户可根据需要填写电场信息，注意名称、编号和投运装机容量不能为空，其他可根据具体情况填写。

（2）机组、机组型号、测风塔、限电、维护检修设置。用户可在菜单栏中点击"系统设置"菜单，选择"机组设置""机组型号设置""测风塔设置""限电设置""维护检修设置"进入相应设置界面。在设置界面中，可添加、修改、删除相关信息。

（3）预测设置。预测设置中主要设置短期预测启动时间、预测数据数据源、计划开机容量。用户可在菜单栏中点击"系统设置"菜单，选择"预测设置"进入预测设置界面，如图 4 - 18 所示。

1）短期预测启动设置。短期预测启动设置是设置预测服务进行短期预测的启动时间，

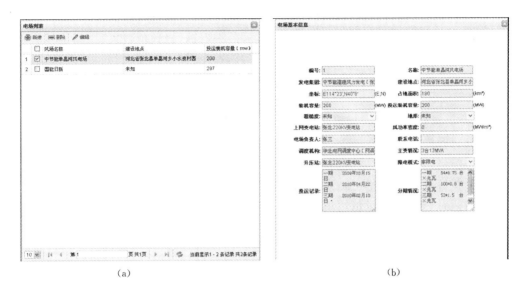

(a)   (b)

图 4-17 风电场设置界面

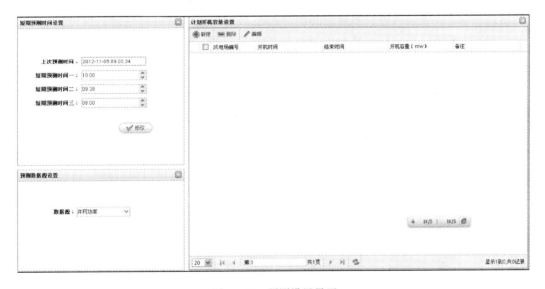

图 4-18 预测设置界面

短期预测一般一天预测一次，启动的时间要在每天的气象数据下载后进行设置，启动时间设置后短期预测服务会在该时间以后进行未来 7 天的短期预测。考虑以后可能会有多次预测，本次预留另外两次预测时间的接口。

短期预测设置的方法，是在文本框中设置好时间后，点击"修改"按钮进行保存。

2）预测数据源设置。预测数据源的设置是根据现场的实际情况，若接收的实发功率是并网功率，则以并网功率为数据源进行模型训练，对风电场发电功率进行预测。若在实际运行过程中仅接收风电机组的数据，没有接收并网功率数据，则把该值设为"风机功率"，后期的预测是以风电机组数据为基础进行预测。

对该值的设置要慎重，若现场没有接收到并网功率，而设置中确设成了"并网功率"选项，则会造成预测时取不到数据源，无法进行模型训练，导致预测结果误差偏大。该值由现场实施人员根据实际情况进行设置，设置后用户不要随意更改。

设置的方法既要选择设置的数据源，选中后也要根据用户权限判断是否保存修改信息。

3）计划开机容量设置。计划开机容量是用户根据风电场风电机组的实际运行情况，填写计划开机容量。设置开机容量可更好地帮助预测服务做好风电场的出力预测，提高预测精度。

计划开机容量设置分为增加、修改、删除操作。增加的方法是在"计划开机容量"的文本框内输入计划开机容量值，单位 MW，设置好开始时间和结束时间，点击"增加"按钮。增加时注意不要增加时间重叠的记录。修改的方法是在列表中设置要修改的内容，点击"修改"按钮。删除是选中列表中要删除的项，点击"删除"按钮。

3. 状态监测

菜单栏的状态监测菜单有两个选项：系统状态和风电机组状态。

（1）系统状态监测。系统状态主要用来显示风电功率预测系统中后台运行的服务、人机界面运行的状态及与其他厂家通信的接口状态。

（2）风电机组状态监测。风电机组状态主要显示风电场风电机组运行的状态，实时显示风电机组的投运状况，如图 4-19 所示。

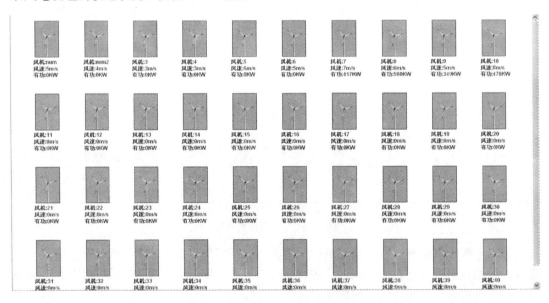

图 4-19　风电机组运行状态监测界面

4. 功率预测

功率预测主要包括短期预测、超短期预测、风速预测三个选项。

（1）短期预测曲线。短期预测界面是实发功率和预测功率进行对比展示的界面，界面中同时展示实发功率、预测功率、置信区间下限、置信区间上限、限电计划等曲线，同时下方用列表形式显示相关功率数据信息。实发功率5min刷新一次，如图4-20所示。

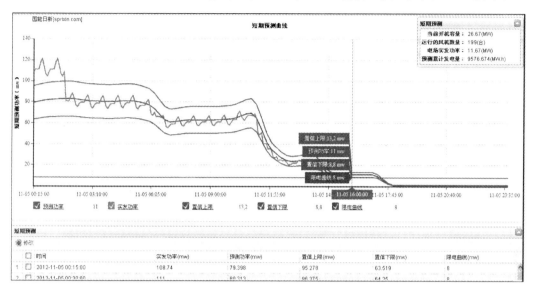

图 4-20　短期预测界面

1) 选择电场。如果系统中有多个风电场，可在风电场选择中选择要展示的风电场。

2) 显示周期。本系统可展示1~7天的功率预测，用户可在下拉列表中选择要展示的天数。

3) 曲线缩放。界面中的曲线可根据需要进行放大缩小，放大的方法是用鼠标在需要查看的曲线上自上而下拖动一个矩形框，可对曲线进行放大。缩小的方法是点击右上角的显示全部按钮，缩小时会缩小至原始状态。

4) 手动修改。用户可根据需要手动修改预测功率，修改的方法是在下方列表中预测功率列，首先必须选择要修改的列然后在列表上点击"修改"按钮，在弹出的修改界面上设置数据，点击"保存"按钮。设置成功后界面可自动刷新查看最新的数值。修改后，上报数据时即按照用户设置的值进行上传调度。因此用户修改预测值时要得到值班管理员的允许。修改预测值只能对未来的时间进行修改，已过去的时间不允许修改。

5) 数据导出。用户点击右上方的"导出数据"按钮，可导出 xls 格式的短期预测数据，可以根据选择导出的数据范围，具体选择导出几天的数据，最多可导出 7 天的短期预测数据。

(2) 超短期预测曲线。超短期预测界面是实发功率和预测功率进行对比展示的界面，界面中同时展示实发功率、预测功率、置信区间下限、置信区间上限、限电计划等曲线，同时下方用列表形式显示相关功率数据信息。实发功率 5min 刷新一次。超短期显示的数据为当前时间往前 4h 和往后 4h 的数据，如图 4-21 所示。

1) 选择风电场。如果系统中有多个风电场，可在风电场选择中选择要展示的风电场。

2) 曲线缩放。界面中的曲线可根据需要进行放大缩小，放大的方法是用鼠标在需要查看的曲线上自上而下拖动一个矩形框，可对曲线进行放大。缩小的方法是点击右上角的显示全部按钮，缩小时会缩小至原始状态。

3) 手动修改。用户可根据需要手动修改预测功率，修改的方法是在下方列表中预测

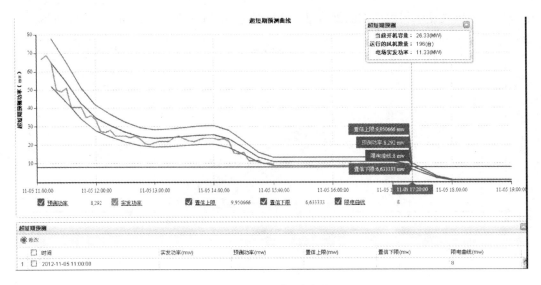

图 4 - 21　超短期预测界面

功率列，首先必须选择要修改的列然后在列表上点击"修改"按钮，在弹出的修改界面上设置数据，点击"保存"按钮。设置成功后界面可自动刷新查看最新的数值。修改后，上报数据时即按照用户设置的值进行上传调度。因此用户修改预测值时要得到值班管理员的允许。修改预测值只能对未来的时间进行修改，已过去的时间不允许修改。

4）数据导出。用户点击右上方的"导出数据"按钮，可导出 xls 格式的超短期预测数据。

5. 国能日新风电功率预报系统特色功能

国能日新自主研发了虚拟测风塔技术，这一技术能够为业主节约大量建设费用。虚拟测风塔是一套软件模块，无需建设实体测风塔，即可完全满足测风数据及其他气象数据的采集和主站上传要求。虚拟测风塔可以位于风电场内及附近的任意位置，不受风电场区域限制；时间采集精度能够任意选取；同时没有任何工况限制，即使出现了极限天气，依然能够正常工作。基于虚拟测风塔技术，超短期功率预测精度达到 90%。目前该技术已被多个风电场所采用，既为业主节约了大量的建设投资，还减少了可观的维护成本。

4.5　小　　结

本章对风电功率预测系统进行了总体性介绍。首先罗列了系统建设应满足的功能要求，然后分别对系统的硬件部分和软件部分进行介绍。硬件部分主要介绍了系统的结构框图，测风塔的结构组成、选址、防雷技术，系统安防系统的作用和结构；软件部分主要介绍了软件可选架构及其开发工具、核心算法实现方法以及数据库系统选取依据。以上内容为风电功率预测的开发者提供了比较全面的参考。接下来，还选取了国内外典型风电功率预测系统进行介绍，供风电功率预测系统开发者和使用者参考借鉴。

第5章　典型风电场风电功率预测系统实例分析

5.1　分析对象、方法和工具

5.1.1　分析对象

本章实例资料来源于我国的三个风电场，风电场下垫面分别为沿海岛屿、平原和山地，三个对应风电场装机容量为 45.05MW、49.5MW、200 MW。以这些风电场的实测风塔气象资料、发电功率实际值和发电功率预测值为依据，分析地形对风电功率预报的影响，为风电功率预测系统的开发提供依据。

5.1.2　分析方法

天气变化以及空气的流动特性导致了风能在时间上的波动性，而受不同地形以及风电场风电机组分部的影响，风电场发电功率在空间分布上表现出差异性，进而也决定了风电功率波动的时空分布特性。对风电功率预测精度的分析，首先从气象资料入手，分析地形对风速和风向的影响；然后将气象资料与风电功率预测精度进行综合分析比较，找出预测精度与气象情况的关联，特别是较大预测误差的成因。

5.1.3　分析工具

5.1.3.1　关联度 C

本书采用关联度 C 来比较风速和风向的预测精度，风速和风向是近地风电场的两个重要属性，如果将风看成一个矢量的话，可将风速和风向属性合二为一，如图 5-1 所示。

图中有 a、b、c 等 3 个矢量，矢量的起点为 O 点，矢量的终点用箭头标识，如果将近地风场视为矢量，风速可认为是矢量模值，而风向则看成是矢量夹

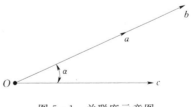

图 5-1　关联度示意图

角。在图 5-1 中，将矢量 c 视为实测风电场矢量，而矢量 a、b 视为预测风电场矢量，如果要比较 a、b 与矢量 c 的关联程度，须考虑两个因素：①矢量 a、b 到 c 的距离，距离越小，相关程度越高；②矢量 a、b 与 c 之间的夹角 α，夹角越接近 $0°$，相关程度越高，而越接近 $180°$，则相关程度越低。设实测风电场矢量 c 的模值为 M，预测风电场矢量 a 或 b 到实测矢量 c 的距离为 d，且 a 或 b 与 c 的夹角为 α，则关联度的定义为

$$C = \frac{d\sin\alpha}{M}$$

显然，该关联度取值越小，则说明实际关联程度越高，数值天气预报准确性越好。

5.1.3.2 相关性系数 r

本章涉及风电场所搜集数据缺乏各时段开机总容量，因此使用相关性系数 r 来衡量预测精度的大小。相关性系数的定义为

$$r = \frac{\sum_{i=1}^{n}\left[(P_{mi} - \overline{P}_m)(P_{pi} - \overline{P}_p)\right]}{\sqrt{\sum_{i=1}^{n}(P_{mi} - \overline{P}_m)^2 \sum_{i=1}^{n}(P_{pi} - \overline{P}_p)^2}}$$

式中　$\overline{P}_m$——所有样本实际功率的平均值；

　　　$\overline{P}_p$——所有预测功率样本的平均值。

相关性系数 r 的取值范围是 [0, 1]，越接近 1，说明两条曲线更加相似，预测精度越高；越接近 0，说明两条曲线线形越不相似，预测精度较差。

5.2　沿海风电场实例分析

5.2.1　基本情况

风电场位于广东省东端的某海岛，北回归线贯穿主岛，属亚热带季风气候，海洋性气候明显，盛行东北风。受台湾海峡窄管效应影响，素有"风岛"之称，风能资源十分丰富。常年气温温和，光照充足，雨量相对华南地区偏少，热量丰富、霜冻很少。气象灾害影响较频繁，主要有台风、强风、干旱、寒露风，低温阴雨等灾害性天气。

根据近 30 年（1971—2000 年）气象资料统计，该岛屿平均气温 21.6℃，平均气温最高月份 7 月、8 月 27.5℃，平均最低月份 1 月 14.2℃，极端最高气温 35.6℃，极端最低气温 2.5℃。平均雨量为 1448.2mm，雨季始于 3 月下旬，终于 10 月上旬。年平均日照时数 2135.7h，年平均雾 11.4 天，岛上不小于 8 级大风日数 73.5 天，5—8 月盛行西南风，9 月至翌年 4 月盛行东北风。7—10 月为热带风暴影响盛季，平均每年对该岛有影响的热带风暴约 5～6 个。图 5-2 为该风电场风电机组的分布图，风电机组安装于岛屿东侧山坡顶部。

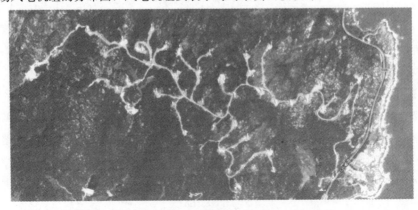

图 5-2　风电机组分布图

风电场有测风塔一座，高度为75m。此外，共有风电机组53台，单台风电机组容量850kW，风电场总容量45.05MW，电压等级为110kV，图5-3为风电场主接线图。

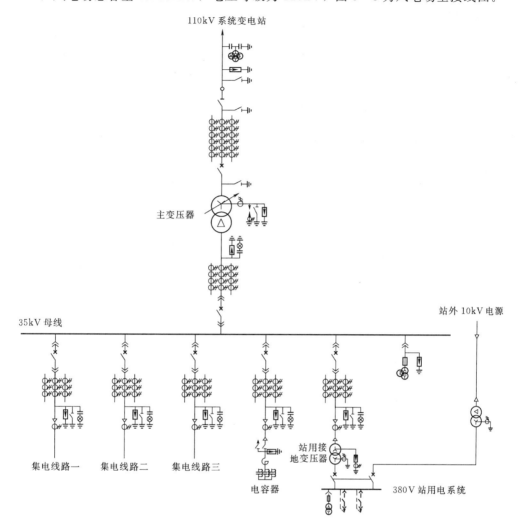

图 5-3　风电场主接线图

5.2.2　系统运行分析

该风电场所使用的风电功率预测系统主要预测模型是神经网络和支持向量机等统计模型。本次分析所搜集的数据为2015年1—6月风电场的测风数据、数值天气预报数据以及实际发电功率和短期、超短期预测功率，以上所有数据的时间分辨率均为15min。系统运行情况分析主要从以下几个方面展开。

5.2.2.1　数值天气预报精度分析

数值天气预报是影响风电功率预测精度的重要因素，本节将比较测风塔实测数据和数值天气预报数据，检验数值天气预报的精度。测风塔实测数据包括风速、风向、气温、气压、湿度和空气密度等类别；而数值天气预报数据则包括风速、风向、气压、气温、湿度和空气密度等类别，其中风速和风向是模型主要输入数据，因此本节主要比较这两项数据。

本节采用关联度 C 来描述风速和风向的预测精度。由于搜集数据包括 2015 年 1—6 月的所有数据，因此在下文中将列出该时间段内每月平均和分时关联度，以说明数值天气预报的准确性，并以此数据为基础，分析数值天气预报对风电功率预测准确性的影响。风电场月平均数值天气预报数据关联度见表 5-1，其月度数值天气预报数据关联度折线图如图 5-4 所示。

表 5-1　月平均数值天气预报数据关联度

月份	1	2	3	4	5	6
关联度 C	0.29	0.93	0.56	0.58	0.55	0.62

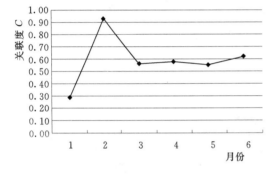

图 5-4　月度数值天气预报数据关联度折线图

图 5-4、表 5-1 为 2015 年 1—6 月每月关联度平均值，可以看出 1 月关联度取值较小，数值天气预报精度较高，2 月精度则较低，3—6 月关联度取值波动较小，保持在一个较为稳定的水平。

图 5-5～图 5-10 为 1—6 月数值天气预报数据关联度分时图，由于数据的时间分辨率为 15min，即每天 96 点数据，因此 1—6 月每月的数据量分别为 2976、2688、2976、2880、2976、2880。

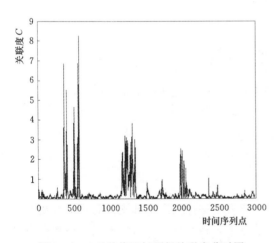

图 5-5　1 月数值天气预报关联度分时图

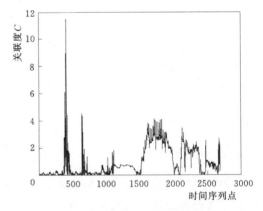

图 5-6　2 月数值天气预报关联度分时图

从图 5-5～图 5-10 中均可以看出，大部分时间关联度取值小于 1，说明数值天气预报精度较高，但在数据的 500 点附近、1000～1500 点以及 2000 点附近，都出现了较大的关联度取值，说明这些时间节点上预测误差较大。

比较图 5-5 和图 5-6 可看出，2 月数值天气预报精度明显差于 1 月。

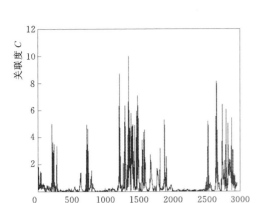

图 5-7　3月数值天气预报关联度分时图

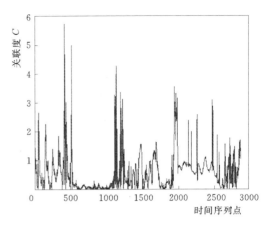

图 5-8　4月数值天气预报关联度分时图

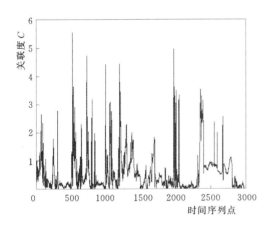

图 5-9　5月数值天气预报关联度分时图

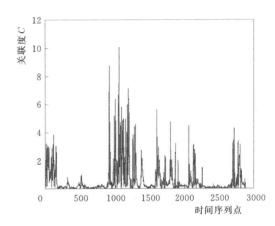

图 5-10　6月数值天气预报关联度分时图

从图 5-5~图 5-10 中可以看出，数值天气预报的精确度波动较大。用关联度来定义预测精度，根据经验，如果关联度在 0~0.5 之间，可认为精度较高；关联度在 0.5~1 之间，可认为精度一般；关联度在 1 以上，可认为精度较差。根据 1—6 月的关联度统计可以看出，仅 1 月的关联度平均值在精度较高的范围内，而其余月份关联度平均值均大于0.5，特别是 2 月，平均值已接近 1，表明数值天气预报整体精度并不十分令人满意。由于数值天气预报是风电功率预测统计模型的输入，因此数值天气预报精度将制约风电功率预报精度的提高，下文中将会把数值天气预报精度和风电功率预报精度进行联合分析。

5.2.2.2　短期风电功率预测精度分析

风电功率预测分为短期预测和超短期预测两种。短期预测应能预测次日零时起 72h 的风电功率，而超短期预测应能预测未来 4h 的风电功率。

首先对短期预测的结果进行分析，图 5-11 为 1 月短期预测功率值与实际值。

从图 5-11 中可以看出，短期预测的效果不尽理想，由于缺乏各时段开机总容量数据，因此使用相关性系数 r 来衡量预测精度的大小。使用相关性系数参数衡量 1—6 月短期风电功率预测精度，计算数据见表 5-2。

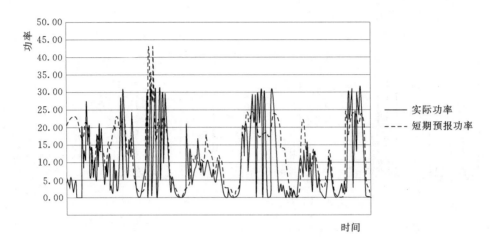

图 5 - 11　1 月短期风电功率预测图

表 5 - 2　月度短期风电功率预测相关性系数表

月份	1	2	3	4	5	6
相关性系数 r	0.65	0.37	0.54	0.50	0.49	0.48

　　将表 5 - 2 的数据与表 5 - 1 数值天气预报精度数据进行比较，并将两表中数据综合绘制成图 5 - 12。

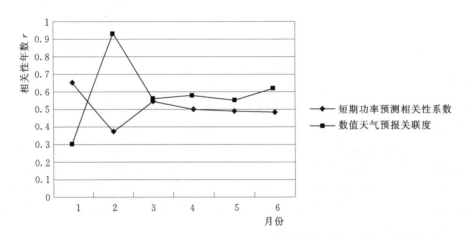

图 5 - 12　短期功率预测与数值天气预报精度比较图

注：关联度取值越小，数值天气预报精度越高；相关性系数越大，短期功率预测精度越高。

　　根据图 5 - 12 中数据可以发现，当数值天气预报精度与短期风电功率的精度有较大的关联，数值天气预报精度越高，短期风电功率的预报精度也越高。通过以上比较可得出结论，短期功率预报精度不尽理想，一个重要原因是由于数值天气预报精确度有限；同时短期功率预报的预报区间是未来 72h，其预报输入仅为数值天气预报数据，很多其他因素（如由电网原因造成的风电场停机和风电场日常检修等）难以在预报中得以体现，这也是短期预报精度受限的原因。

5.2.2.3 超短期风电功率预报精度分析

本节对超短期风电功率预报的精度进行讨论，图 5-13 为 2015 年 1 月该风电场超短期风电功率预报图。

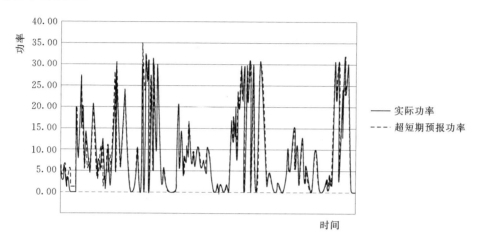

图 5-13 1 月超短期风电功率预报图

从图 5-13 中可以看出，实际发电功率曲线和超短期预报功率曲线吻合度很好，其预报效果大大好于短期功率预报。同样使用相关性系数 r 来衡量超短期功率预报的精度，具体数据见表 5-3。

表 5-3 月度超短期风电功率预报相关性系数表

月份	1	2	3	4	5	6
相关性系数 r	0.946	0.927	0.908	0.942	0.951	0.977

对比表 5-2 和表 5-3 中的数据可知，超短期预报的精度相比于短期预报有大幅提高，所有月度相关性系数均在 0.9 以上，预报效果比较令人满意。这主要得益于超短期预报的预报区间较小，对于短期预报，预报区间为未来 72h，须预报数据点数为 288 个，而超短期预报区间为未来 4h，须预报点数仅为 16 个。对于任何时间序列预报而言，近大远小都是一个重要原则，因此超短期相对于短期预报的高精度就顺理成章了。

5.3 山地风电场实例分析

5.3.1 基本情况

风电场位于山东省中南部的沂蒙山腹地。该地区为低山丘陵区，西部、北部为低山区；东部、东北部为丘陵；中部、南部为平原。最高点为北部的沂山南侧的泰礴顶山，海拔 916.1m；最低点为东北部的朱双村东，海拔 101.1m。全境地势自西北向东南倾斜。

该地区属暖温带季风气候区，大陆度 62.4%，具有显著的大陆性气候特点：四季变化分明，春季干燥，易发生春旱；夏季高温高湿，雨量集中；秋季秋高气爽，常有秋旱；冬季干冷，雨雪稀少。其四季气候的特征：早春，由于受蒙古较强高压势力的影响，气候回升迟缓；晚春，由于暖空气势力的不断增强，气温回升快，且多西南风，干燥少雨，常出现旱灾，影响春播。多年平均春季降水量为 111.6mm，占全年降水量的 14.5%，为冬季降水量的 3.8 倍。夏季雨热同步，雨量集中；夏季经常出现的灾害性天气是旱、涝、大风和冰雹。秋季温度陡降，降水显著减少，秋高气爽，利于秋收；晚秋也常有霜冻发生。冬季严寒少雨雪，以干冷型天气为主，月平均气温在 0℃ 以下，最冷为 1 月，多年平均气温为 −2.8℃，多年平均降水量 29.0mm，仅占全年降水量的 3.8%。

图 5-14 为该风电场风电机组的分布图，由图可知，风电机组基本分布于丘陵山脊线上。风电场有测风塔 1 座，高度为 70m，图 5-15 为测风塔所在位置图。

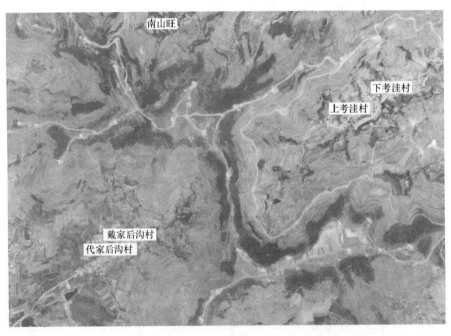

图 5-14　风电机组分布图

该风电场共有风电机组 33 台，单台风电机组容量 1500kW，风电场总容量 49.5MW，电压等级为 110kV，图 5-16 为风电场主接线图。

5.3.2　系统运行分析

该风电场所使用的风电功率预测系统，主要预测模型是神经网络和支持向量机等统计模型。本次分析所搜集的数据为 2014 年 1—6 月风电场实际测风数据、数值天气预报数据以及同时段风电场实际发电功率和短期预测功率。下面将首先使用与沿海风电场相同的方法分析数值天气预报精度，然后对其短期功率预测精度进行分析。

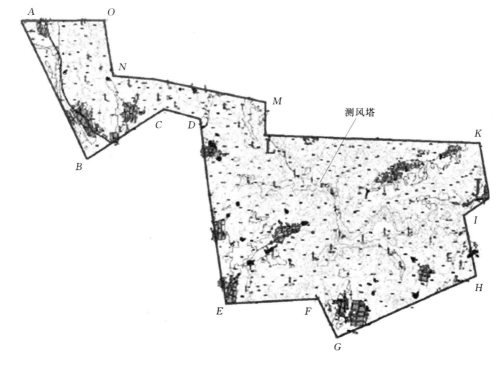

图 5-15　测风塔位置图

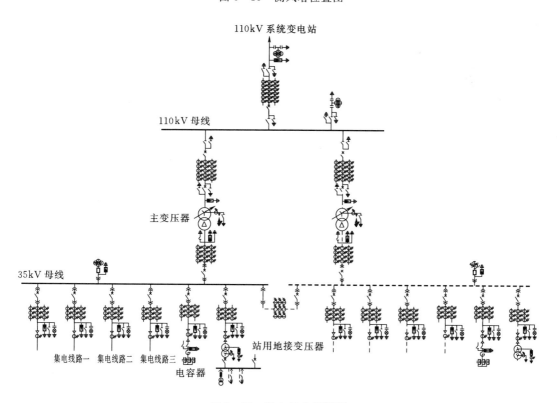

图 5-16　风电场主接线图

5.3.2.1　数值天气预报精度分析

本节同样采用关联度 C 来描述风速和风向的预测精度。由于搜集数据包括 2014 年 1—6 月的所有数据，因此在下文中将列出该时间段内每月平均和分时关联度，以说明数值天气预报的准确性，并以此数据为基础，分析数值天气预报对风电功率预测准确性的影响。该风电场月平均数值天气预报数据关联度，月度数值天气预报数据关联度折线图如图 5-17 所示。

表 5-4　月平均数值天气预报数据关联度

月份	1	2	3	4	5	6
关联度 C	0.304	0.308	0.190	0.285	0.361	0.341

图 5-17、表 5-4 为 2014 年 1—6 月每月关联度平均值，可以看出相比于沿海风电场，山地风电场数值天气预报月度关联度 C 普遍取值较小，均在 0.3 左右；而且整体波动较小，说明数值天气预报的精度保持在一个较为稳定的水平。图 5-18~图 5-23 为 1—6 月数值天气预报数据关联度分时图，由于数据的时间分辨率为 15min，即每天 96 点数据，因此 1—6 月每月的数据量分别为 2976、2688、2976、2880、2976、2880。

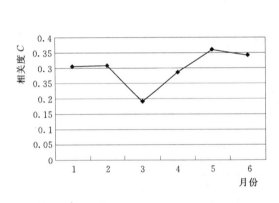

图 5-17　月度数值天气预报数据关联度折线图

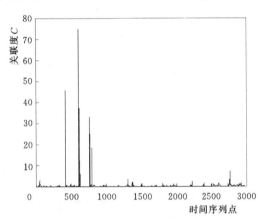

图 5-18　1 月数值天气预报关联度分时图

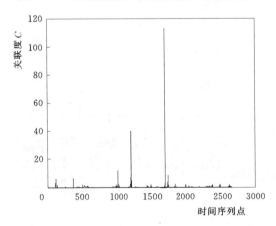

图 5-19　2 月数值天气预报关联度分时图

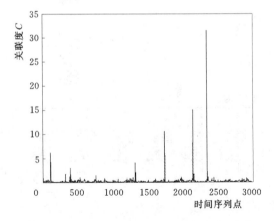

图 5-20　3 月数值天气预报关联度分时图

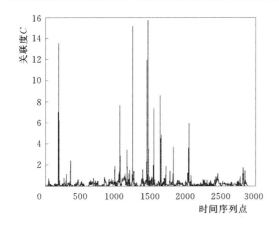

图 5-21 4 月数值天气预报关联度分时图

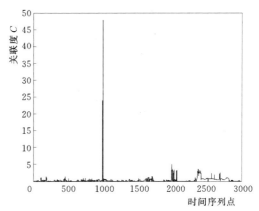

图 5-22 5 月数值天气预报关联度分时图

从图 5-18～图 5-23 中可以看出，山地风电场数值天气预报关联度计算值在大部分时间较小，但同样也可发现，在某些时刻会出现较大的关联度取值，这些取值比其他取值大得多；这说明在大部分时间，数值天气预报的精度是令人满意的，但在某些时刻，仍会出现一些意想不到的较大误差，导致该时刻短期功率预测的较大误差。

5.3.2.2 短期风电功率预测精度分析

图 5-24 是 2014 年 1—6 月短期预测功率值与实际值对比。

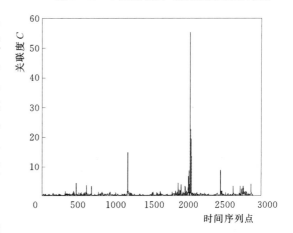

图 5-23 6 月数值天气预报关联度分时图

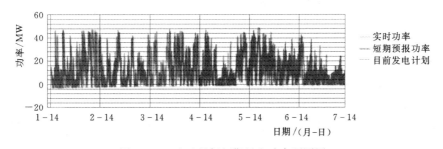

图 5-24 山地风场短期风电功率预测图

从图 5-24 中可以看出，山地风电场的短期预测数据曲线与实际数据曲线吻合度明显好于沿海风电场。由于缺乏各时段开机总容量数据，因此使用相关性系数 r 来衡量短期功率预测精度。其计算数据见表 5-5。

表 5-5 山地风电场月度短期风电功率预测相关性系数表

月份	1	2	3	4	5	6
相关性系数 r	0.68	0.65	0.77	0.72	0.70	0.66

将山地风电场数值天气预报关联度和短期功率预测的相关性系数进行综合分析，将表 5－4 和表 5－5 中数据绘制成图 5－12。

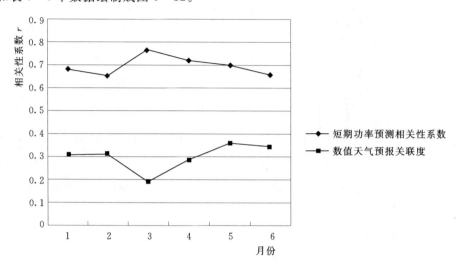

图 5－25　山地风场短期功率预测精度与数值天气预报精度比较图

注：关联度取值越小，数值天气预报精度越高；相关性系数越大，短期功率预测精度越高。

根据以上图表数据可以发现，山地风电场短期功率预测相关性系数 r 取值均在 0.65 以上，说明其短期预测精度明显好于沿海风电场，这得益于山地风电场稳定的数值天气预报水平。同时据图 5－25 可知，短期功率预测相关性系数与数值天气预报关联度负相关（见图 5－25 注解），这再次印证了同样的结论，短期功率预测的决定性因素是数值天气预报的精度。

5.4　平原风电场实例分析

5.4.1　基本情况

风电场位于内蒙古自治区东部的科尔沁草原腹地，地处大兴安岭南段西翼脊部，是巴音胡硕至二连盆地群东部的一个代表性含煤盆地，地势四周高中间低。该地区地形分为丘陵山地、堆积台地和冲积平原，而该风电场位于丘陵之间的草原上。冲积平原主要分布在霍林河及其各支流宽阔流域，河床平浅多弯曲。宽处可达 1～2km，流域两侧相对高差 5～10m，并有较明显的阶梯。海拔在 779～870m。该地区属于典型的半干旱大陆性气候，冬季漫长寒冷，夏季短促凉爽。年平均气温 0.9℃，极端最高气温 39.3℃，极端最低气温 －39.4℃，年平均年降水量 358.0mm。该地区属于二级风能区，实测 10m 高度处年平均风速为 5.8m/s，年平均风能密度为 291W/m²，4～24m/s 有效风速时数为 6318h。

图 5－26 为风电场所在地形图，测风塔和升压站位置已在图中标出，风电机组安装于附近河流冲积平原。

该风电场总装机容量 300MW，共安装 150 台东汽 FD87C 型风电机组，一期工程自

图 5-26 平原风电场地形图

2013 年 6 月开工建设，2013 年 8 月开始机组调试工作，2013 年 12 月完成全部机组调试工作。截至目前，一期机组安装调试工作已完成，全部机组已正常投运并运行良好。

5.4.2 系统运行分析

该风电场使用的是南瑞继保开的 PCS—9700 风电功率预测系统。本次所搜集的数据为 2014 年 5 月该风电场连续 5 日的短期风电功率预报曲线，如图 5-27 所示。

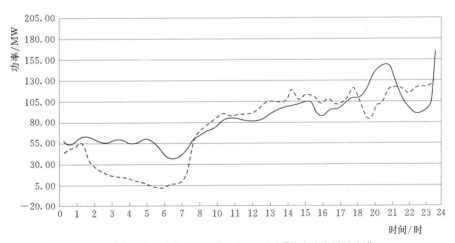

- - - - [夏营地风电场]实际输出功率；——[夏营地风电场]输出功率预测_短期_70m

图 5-27 2014 年 5 月某日平原风电场短期功率预测图（短期预测 准确率：86.7149%）

其连续 5 日的短期功率预测的准确率见表 5-6。

表 5-6 短期风电功率预测准确率表

日期/（月-日）	5-9	5-10	5-11	5-12	5-13
相关性系数 r	0.867	0.759	0.800	0.777	0.762

由于数据量太少,无法进行综合分析,仅就其连续 5 日短期功率预测数据而言,精度尚可。

5.4.3 风电功率的时变特征

本次搜集了 2014 年某平原风电场全年的发电功率和风速数据,时间分辨率为 15min,下文将使用功率数据分析平原风电场功率的时变特征,所采用的分析指标是功率因数。风电场输出功率受风速的影响,具有随机性和波动性,在绝大多数情况下,其出力低于额定容量(即装机容量)。为消除风电装机容量不同对风电功率波动幅度等特征的影响,根据风电场输出功率和装机容量,对风电功率数据进行预处理,计算出风电功率因数(Capacity Factor,CF)。风电功率因数是一段时间内风电机组的实际发电量与始终运行在额定功率下理想发电量的比值,用来描述风电设备的利用率,其计算公式为

$$CF = \frac{P_i}{C_{ap}}$$

式中 P_i——风电场实时的风电输出功率;

C_{ap}——该风电场的装机容量。

风电功率因数具有原始风电输出功率资料的变化特征,同时是一个无量纲量,更适于对比分析不同风电场风电功率的变化特征。

5.4.3.1 发电功率全年时变特征

计算全年的日平均风速,如图 5-28 所示。

从图 5-28 中数据可知,受地形影响,该平原风电场风速在 7.5～9.5m/s 之间,波动幅度较小,风速比较稳定。最大日平均风速为 9.5m/s 左右,出现在 8 月;而最小日平均风速为 7.7m/s,出现在 2 月。总体而言,夏秋风速较快,而冬春则风速较慢。

相应计算平原风电场全年功率因数值,并取每日平均值,得到日均功率因数值,如图 5-29 示。比较图 5-28 和图 5-29,两图曲线高度吻合,说明风速是决定风电场功率因数的核心因素。该平原风电场功率因数取值在 0.3～0.43 之间波动,其变化幅度也较小,与风速变换规律相同,夏秋季功率因数取值较大,而冬春季功率因数取值较小。

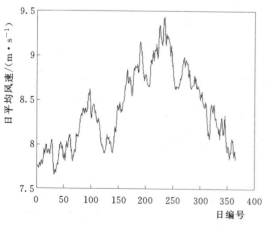

图 5-28 平原风电场日平均风速图

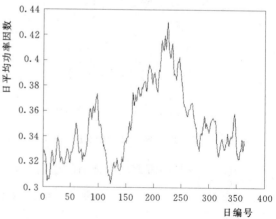

图 5-29 平原风电场日平均功率因数图

5.4.3.2 发电功率日内时变特征

年内功率因数变化曲线能够反映出风电输出功率日变化的平均趋势，但不同天气背景时期，风电功率的日变化可能具有不同的特征。采用聚类分析的方法，利用数学模型归纳出平原风电场风电输出功率的典型日变化特征曲线，如图5-30所示。

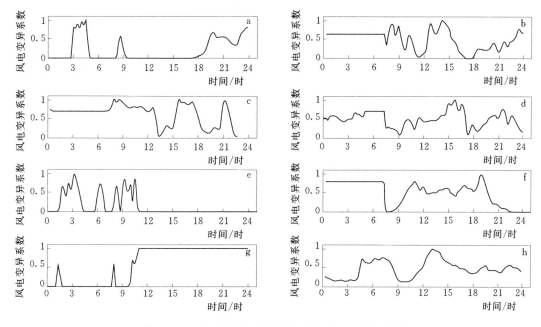

图5-30 平原风电场风电输出功率典型日变化曲线

图5-30归纳出平原风电场输出功率的8种典型日变化曲线，分别分析其日变化特征，可以发现：

（1）昼夜型（a曲线）。a类的风电输出功率日变化曲线是全年风电输出功率日变化的代表型变化趋势，风电功率变化呈白天发电功率较低，夜间风电发电功率在夜间20：00之后逐渐上涨的趋势，昼夜差异显著；在夜间4：00和20：00左右存在峰值，风电变异系数最大值超过0.9，出现在夜间4：00。

（2）单主峰型（b曲线）。全天上午风电功率逐渐下降，中午风电功率达到最小值，下午12：00～18：00呈单峰型塔状分布，夜间18：00开始风电功率再次上涨变化。

（3）上午平缓型（c曲线）。上午风电功率较大，且变化平缓，中午12：00～夜间24：00风电功率波性较强，存在两个主峰，分别出现在夜间17：00和21：30；

（4）d类风电功率日变化曲线与昼夜型相似，区别在于夜间20：00开始，d类风电输出功率逐渐减小，与昼夜型正好相反。

（5）上午波动型（e曲线）。上午风电功率波动强烈，出现多个峰值，中午12：00～夜间24：00风电功率变化不大，基本为0。

（6）曲线f的风电发电功率在0：00～15：00之间与b类曲线日变化相似，15：00至夜间呈先增后减趋势，风电变异系数峰值为1.0，出现于20：00。

（7）午夜型（g曲线）。风电功率的高发力值集中于12：00以后的下午和夜间。

（8）双主峰型（h 曲线）。全天在上午 8：00 与下午 14：00 共出现两个主峰，谷值出现在上午 10：00，整体变化趋势与 b、d 类风电功率的日变化曲线具有相似性。

5.5　小　　结

本章对三类典型地形（即沿海、山地和平原）的风电场的风电功率预报系统进行了相关的分析讨论。首先介绍了风电场的基本情况，然后根据搜集到的数据，对风电场的数值天气预报、短期风功率预测和超短期风功率预测的精度都进行了较为详细的分析，并着重阐述了数值天气预报精度与风电功率预报间的相关性。限于资料，无法进行进一步的深入讨论，希望能为今后的风电功率预测系统的开发提供借鉴。

附录　测风塔技术参数

一、各类测风传感器技术参数

1. 风速传感器
(1) 测量范围：0～60m/s。
(2) 测量精度：±0.5m/s（3～30m/s）。
(3) 工作环境温度：－35～＋60℃。

2. 风向传感器的技术参数要求
(1) 测量范围：0～360°。
(2) 测量精度：±3°。
(3) 工作环境温度：－35～＋60℃。

3. 温度计
(1) 测量范围：－40～＋60℃。
(2) 测量精度：±0.5℃。

4. 湿度计
(1) 测量范围：0～100％RH。
(2) 测量精度：±3％RH。

5. 压力计
(1) 测量范围：600～1100hPa。
(2) 测量精度：±0.3hPa。
(3) 工作环境温度：－40～＋60℃。

二、数据采集器技术参数

(1) 系统畅通率：≥95％。
(2) 系统工作体制：定时自报。
(3) 数据采集器 MTBF：≥25000h。
(4) 遥测站无日照连续工作时间：15d。
(5) 应具有在现场下载数据的功能。
(6) 应能完整地保存不低于 3 个月采集的数据量。
(7) 工作环境温度：－40～＋60℃。
(8) 具有防水、耐腐蚀保护箱。
(9) 每 5min 定时自报采集数据报告项目：
1) 5min 内平均风速、标准偏差、极大风速；
2) 5min 内平均风向、标准偏差、极大风速所对应的风向；

3）5min 的温度、湿度、气压；

4）整点时刻的蓄电池电压、充电、机内温度；

5）遥测站自动报警：工作状况信息报警。

三、其他设备技术参数

1. RS232/光纤转换器

（1）工作环境温度：-35～+ 60℃。

（2）波特率最高达到 115.2kbit/s。

（3）电气接口：DB9 孔 RS232。

（4）光纤接口：ST 接头（座）。

（5）体积小，便于集成安装。

（6）无需用户做参数设置，即插即用。

（7）具有零延时自动收发转换工作机制。

2. 光纤

（1）工作环境温度：-40～+ 60℃。

（2）选用 9/125μm 单模光纤光缆，至少 8 芯。

（3）在光纤两端制作完成 ST 接头（针）。

（4）松套管材要具有良好的耐水解性能和较高的强度。

（5）松套管材内要有对光纤关键性密封保护的油膏。

（6）传输速度快、距离远、保密性好、抗电磁干扰、绝缘性好、化学稳定性好、损耗低。

（7）金属加强芯有一层 PE 套管。

（8）具备抗透潮能力的双面皱纹钢带。

（9）具备良好的机械性能和温度特性。

（10）免维护型，使用寿命长。

3. 数据采集装置机

数据采集装置机应采用装置型（装置内无旋转部件）设备，技术参数应满足以下要求：

（1）CPU 频率：≥1GHz。

（2）内存：≥512MB。

（3）电子盘容量：≥512MB。

（4）操作系统推荐使用实时操作系统，或采用 Linux 操作系统。

（5）至少具备 4 个 RS232 串口与 4 个网络口。

（6）工作环境温度：-5～70℃。

（7）交流电 220V 供电。

（8）设备 MTBF：≥32000h。

（9）方便放置在计算机机柜。

4. 便携机

（1）CPU 频率：$\geqslant$2GHz。

（2）内存：$\geqslant$2GB。

（3）硬盘容量：$\geqslant$300GB。

（4）至少具备 1 个 RS232 串口与 1 个网络口。

（5）工作环境温度：$-5\sim70℃$。

（6）设备 MTBF：$\geqslant$32000h。

参 考 文 献

［ 1 ］　BP. BP Statistical Review of World Energy ［R］. 2014.

［ 2 ］　钱伯章. BP 世界能源统计 2014 年评论 ［J］. 电力与能源，2014，35 （5）：549 - 552.

［ 3 ］　张恒龙，秦鹏亮. "页岩气革命" 对国际政治经济关系的重构作用 ［J］. 安徽师范大学学报 （人文社会科学版），2014，42 （2）：185 - 191.

［ 4 ］　全球风能理事会. 2013 全球风电统计 ［R］. 2013.

［ 5 ］　中国循环经济学会可再生能源专业委员会. 2014 中国风电发展报告 ［R］. 2014.

［ 6 ］　郭飞，王智冬，等. 我国风电消纳现状及输送方式 ［J］. 电力建设，2014，35 （2）：18 - 22.

［ 7 ］　秦云甫. 我国风电产业发展问题分析与解决途径 ［D］. 北京：华北电力大学，2012.

［ 8 ］　孙川永. 风电场风电功率短期预报技术研究 ［D］. 兰州：兰州大学，2009.

［ 9 ］　冯双磊，王伟胜，等. 风电场功率预测物理方法研究 ［J］. 中国电机工程学报，2010，30 （2）：1 - 6.

［10］　沈桐立，等. 数值天气预报 ［M］. 北京：气象出版社，2010.

［11］　李军，沈非，等. 风能资源评估中地表粗糙度的研究 ［J］. 资源科学，2011，33 （12）：2341 - 2348.

［12］　仇国兵. 基于聚类的复杂地形下风电场输出功率概率分布建模 ［D］. 北京：华北电力大学，2014.

［13］　王一妹. 基于 CFD 流场预计算的复杂地形风电场功率预测方法研究 ［D］. 北京：华北电力大学，2014.

［14］　Simon Haykin. Neural Networks and Learning Machines ［M］. Beijing, China Machine Press, 2011.

［15］　吕金虎，等. 混沌时间序列分析及其应用 ［M］. 武汉：武汉大学出版社，2002.

［16］　国家能源局. NB/T 31046—2013　风电功率预测系统功能规范 ［S］. 北京：中国电力出版社，2014.

［17］　李堂椿. 风能资源专业测风塔防雷技术应用 ［C］//第 31 届中国气象学会年会论文集. 北京，2014.

［18］　包小庆，张国栋. 风电场测风塔选址方法 ［J］. 资源节约与环保，2008，24：55 - 56.

［19］　谢晶晶. 基于 WAsP 软件复杂山地风电场风资源评估及风机布置优化研究 ［D］. 长沙：中南大学，2014.

［20］　赵增宝. 北方不同下垫面风电功率预测方法研究 ［D］. 兰州：兰州大学，2014.

本书编辑出版人员名单

总 责 任 编 辑　陈东明

副总责任编辑　王春学　马爱梅

责 任 编 辑　王　梅　李　莉

封 面 设 计　李　菲

版 式 设 计　黄云燕

责 任 校 对　张　莉　张伟娜

责 任 印 制　帅　丹　王　凌